博碩文化

博碩文化

博碩文化

PERS⊕NAL AGILITY

UNLOCKING PURPOSE, ALIGNMENT AND TRANSFORMATION

個人敏捷性

解鎖目標、調適和轉型

PETER B. STEVENS、MARIA MATARELLI——著

周龍鴻 PhD, CST——主編

AI人工智慧小組（GPT、博碩編輯室）——譯

作　者：Peter B. Stevens, Maria Matarelli
主　編：周龍鴻 PhD, CST
譯　者：AI 人工智慧小組（GPT、博碩編輯室）
責任編輯：何芃穎

董 事 長：陳來勝
總 編 輯：陳錦輝

出　版：博碩文化股份有限公司
地　址：221 新北市汐止區新台五路一段 112 號 10 樓 A 棟
　　　　電話 (02) 2696-2869　傳真 (02) 2696-2867

發　行：博碩文化股份有限公司
郵撥帳號：17484299　戶名：博碩文化股份有限公司
博碩網站：http://www.drmaster.com.tw
讀者服務信箱：dr26962869@gmail.com
訂購服務專線：(02) 2696-2869 分機 238、519
（週一至週五 09:30 ～ 12:00；13:30 ～ 17:00）

版　次：2023 年 10 月初版一刷

建議零售價：新台幣 450 元
I S B N：978-626-333-606-3
律師顧問：鳴權法律事務所 陳曉鳴律師

本書如有破損或裝訂錯誤，請寄回本公司更換

國家圖書館出版品預行編目資料

個人敏捷性：解鎖目標、調適和轉型 / Peter B. Stevens,
　Maria Matarelli 著；AI 人工智慧小組 (GPT、博碩
　編輯室) 譯 . -- 初版 . -- 新北市：博碩文化股份有
　限公司, 2023.10　面；　公分
譯自 : Personal agility : unlocking purpose,alignment and
transformation

ISBN 978-626-333-606-3(平裝)

1.CST: 職場成功法 2.CST: 領導者 3.CST: 組織管理

494.35　　　　　　　　　　　　　　112015411

Printed in Taiwan

博碩粉絲團　歡迎團體訂購，另有優惠，請洽服務專線
　　　　　　(02) 2696-2869 分機 238、519

商標聲明

本書中所引用之商標、產品名稱分屬各公司所有，本書引用
純屬介紹之用，並無任何侵害之意。

有限擔保責任聲明

雖然作者與出版社已全力編輯與製作本書，唯不擔保本書及
其所附媒體無任何瑕疵；亦不為使用本書而引起之衍生利益
損失或意外損毀之損失擔保責任。即使本公司先前已被告知
前述損毀之發生。本公司依本書所負之責任，僅限於台端對
本書所付之實際價款。

著作權聲明

主編簡介

周龍鴻 , PhD, CST

周龍鴻博士是長宏專案管理顧問有限公司的創辦人。他是亞洲首位獲得 PMI 的 PgMP（國際計畫管理師）認證，也是台灣首位獲得 Certified Scrum Trainer（CST，也被稱為 Scrum 國際大使）的人。他在台灣頂尖大學中山大學僅用三年時間就取得了企業管理、專攻策略管理的動態競爭的博士學位。

自 2014 年 7 月以來，他與另一位傑出的 CST，Bill Li，合作訓練了台灣超過 50％ 的認證 ScrumMaster（1,000 人）。2015 年，周博士獲得了敏捷國際大獎，並被倫敦的 YOH 評為「國際敏捷最佳推手」。

他對 Scrum 的應用超越了 IT 領域，致力於在台灣的非 IT 產業中推廣敏捷方法。周博士設定了一個雄心壯志的目標，即在十年內幫助 100 家公司採用 Scrum。眾多知名企業，如輝瑞大藥廠，理光科技，Nissan，啟碁 (全球無線設備龍頭)，GSS(台灣推行敏捷最久的資訊公司)，和 ECT(國道自動收費)，都在周博士的指導下進行非 IT 領域的 Scrum 應用。

2023 年 5 月，他發起了一項個人志業，培育 100 位 CEO 成為認證的 Scrum Master（CSM）。共有 130 位公司規模達 100 以上員工的公司的 CEO，以及學校校長和政府官員加入。

周博士的個人座右銘是：「能力越大，責任越大」，這證明了他的成就，並有效地激勵他的學員。

周博士是《成功的敏捷產品管理》一書的作者，該書在台灣創下了敏捷書籍銷售最高和銷售最快的紀錄。在發行後的 5 個月內，該書已經經過九次印刷，並連續 5 個月位居暢銷書排行榜之首。

關於周博士的中文維基百科介紹如下：https://bit.ly/2IMnCsq（如需其他語言，請使用 Google 網頁翻譯）

歡迎加入 Roger 的 Linkedin 連結 https://www.linkedin.com/in/rogerpgmp/（請提供簡單的自我介紹）。

有關長宏專案管理顧問有限公司的更多資訊，請參考 https://www.pm-abc.com.tw。

Roger iPad 自畫素描

周龍鴻的推薦序

我和 Peter 結緣於我成為 CST(23/05/05) 之後，我收到第一個分享免費智財的前輩，他是 2010 年成為 CST 的，住瑞士蘇黎世，瑞士唯二，他樂意分享的作法讓我覺得相見恨晚。至今，我們已成為了最好的朋友。

因為我本身也是如此特質，所以我就在 Linkedin 向他敲門說，你需不需要我幫你把這影片翻譯成中文，這樣這份智財可以給華人來看，於是他就把他的影片請我翻譯，這些影片翻譯好之後，把它掛在大陸網 Bli bli 站上，等於說一下子我們就開放 13 億人口來去享用它的免費制裁，這是一個非常有趣的過程。

接下來我看他寫了一本書叫《個人敏捷性》，英文叫 PAS。於是我就主動提出說要幫他翻譯這本書，而他也答應了。為了讓這本書在最短時間來去上架，於是這時候我就跟博碩的 GPT 小組一起合作，在短短一個月之內把這本書把它出版，相信以後可以有更多的書可以用人工跟 GPT 一起合作來讓它上架，這是我們攝取知識的速度會增快許多。

當我拿到這本書的時候就是：「終於有人把敏捷及個人工作方法連結在一起了！」在這個瞬息萬變的時代，我們都需要一套方法來幫助自己保持敏捷，不僅在工作上，更是在生活中。

當我們處於這個資訊爆炸的時代，每天都被各種任務、訊息和壓力所包圍，有時候會感到迷茫，不知道自己的方向在哪裡。在這樣的背景下，《個人敏捷性》這本書就像是一盞明燈，照亮了我們前進的道路，幫助我們找到自己真正的目標和方向。

很多時候，我們可能會有這樣的疑問：「我現在所做的，真的是我想要的嗎？」或者「我真的在走對路嗎？」這本書提供了一個很好的框架和方法，幫助我們去回答這些問題。它不只是告訴我們「要怎麼做」，更重要的是，它告訴我們「為什麼這麼做」。

透過這本書，我學會了如何更有效率地分配我的時間和資源，如何避免浪費在不重要的事情上，如何更專注於我真正關心和重視的事情。不僅如此，這本書還提供了很多實用的工具和技巧，幫助我們更好地管理自己的生活和工作。

更值得一提的是，這本書中的許多案例和故事，都是真實的，都是作者們親身經歷或親耳聽到的。這些故事充分地證明了，只要我們有正確的方法和工具，任何人都可以從困境中走出來，找到自己的方向和目標。

對於那些正在尋找生活方向、感到迷茫和壓力的人來說，這本書真的是一本必讀的好書。它不僅僅是一本理論書籍，更是一本實用的指南，教你如何在這個快速變化的世界中，找到自己的定位，過上真正有意義的生活。

最後，我想說的是，不管你現在的狀況如何，不管你面臨著什麼樣的困難和挑戰，只要你願意花時間去閱讀和學習這本書，我相信，你一定能夠找到屬於自己的答案和方向。希望每一位讀者都能從中獲益，找到自己的人生定位。

最後，我真心推薦這本書給大家。不僅僅是為了工作，更是為了我們的生活。希望大家都能從中獲得靈感，找到自己的方向。

產官學界一致強力推薦

感謝以下敏捷重量級人士推薦 Roger 老師帶 GPT 小組所翻譯的個人敏捷性聖經！

（依姓氏筆畫排序）

吳璨因（Wu Tsan Yin） 璨因教練學院 創辦人
中華國際 NLP 教練研究發展教育協會 創會理事長

宋文法（Alfa Song） 金門縣金寧中小學 校長

李純櫻（Sophia Lee） 宏昇營造 副總經理

周純如（Celina Chou） 中華民國專業秘書行政協會理事長

林昭陽（Ivan Lin） 中華電信總公司 總經理

邱奕霖（Yilin Chiu） 圖像力學院 負責人

施志賢（Chih-Hsien Shih） 協磁公司 董事長

梅家仁（Joyce Mei） 達真國際教練學校 校長與創辦人
台灣首位 ICF 認證 MCC 大師教練

陳威良（William）　　　　孟華科技總經理
　　　　　　　　　　　　PMITW 前理事長

陳建宏（Roger Chen）　　ABC 牙醫聯盟 營運長

陳家聲（Chen Chia Shen）台灣大學商學所 首席顧問 教授

陳麗琇（Elly Chen）　　　台灣最大敏捷線上讀書會
　　　　　　　　　　　　台灣敏捷部落（TAT）社長

游文人（Donald Yu）　　　巨大集團 集團策略長

黃敬強（John Huang）　　瑞嘉科技 總經理

黎振宜（Chyi Li）　　　　可果美（中國上海）總經理

魏碧芬（Vicky Wei）　　　欣亞數位股份有限公司 董事長

關於作者

Peter B. Stevens
高階敏捷主管
創辦人

Peter B. Stevens 是一名主管、教練、作家以及認證的 Scrum 培訓師。他最近在瑞士數位健康新創公司 Vivior AG 擔任高階敏捷主管,並且是 Agile-Executives.org、Personal Agility Institute 及 World Agility Forum 的共同創辦人。他是一名持有儀器飛行執照的飛行員,會說四種語言,與他的家人和三隻貓住在瑞士的蘇黎世。

關於作者

Maria Matarelli
創辦人兼執行長
Formula Ink

Maria Matarelli 是高階敏捷教練，是《財星雜誌》前 100 強的顧問，以及一位國際暢銷書作者。Maria 和她的團隊透過敏捷方法來諮詢業務，為初創企業達到 3 千 5 百萬美元估值的突破性成果。為身價上億的企業組織節省了數百萬美元的成本。Maria 是 Formula Ink 的創辦人兼總裁，也是敏捷行銷學院（Agile Marketing Academy）和 Personal Agility Institute 的共同創辦人。

讚嘆個人敏捷系統

「這本書超越了當今任何商業或自我發展的範疇。它涵蓋了實踐性思想領導的完整週期，以確保個人目標與專業目標一致。我建議所有執行長都應該和他們的執行團隊一起進行個人敏捷性。」

—— Ben Sever，eRemede 執行長

「個人敏捷性使我們在董事會成員和高階主管之間建立了透明度和一致性。大家都同意關鍵在於持續向前推進，當我們明確知道需要做什麼的時候，對於『要做什麼』和『做的原因』就能達成共識，如此便能毫無阻力和猶豫地前進。」

—— Michael Mrochen，Vivior AG 董事會主席

「個人敏捷性的真正價值在於實作很簡單。個人敏捷性可以為你指引方向，去完成重要的事情。這些工具和技術使我成為一個更好的教練；個人敏捷性是一顆未被發掘的寶石！」

—— Jim Hannon EdD，波士頓大學敏捷創新實驗室創辦人

「感謝個人敏捷性,讓我在每一週結束時感到滿足,並且帶著自信開始新的一週。」

—— Walter Stulzer,Futureworks AG 執行董事

「這個系統提供了建立清晰度和聚焦的方法。」

—— Michael K Sahota,*Leading Beyond Change* 作者

「Maria Matarelli 和 Peter Stevens 將敏捷原則和價值結合起來,協助團隊成功,到達超越個人與人性的層面。」

—— Howard Sublett,Scrum 聯盟執行長

「個人敏捷系統將幫助你專注在重要的事情上,指引你如何辨別真正重要的事情,在那些最重要的事情上每天都有進展。你會很訝異將會有更多的時間、更少的壓力來完成更多的事。」

—— Karim Harbott,《實現商業敏捷性的六大要素》
（*The 6 Enablers of Business Agility*）作者

「個人敏捷系統不僅幫助我專注於建立事業，在我成為企業家的過程中扮演了重要的角色。它成為了一種生活方式，並且帶來了巨大的變革，這些變革是清晰可衡量的！」

—— Dhanushka Arjuna，德國 ZeroBelow 創辦人

「我們可能都認為我們不需要個人敏捷性，但實際上這是我們生活中所欠缺最重要的東西。」

—— Satyajit Nath，印度海德拉巴董事

「個人敏捷性問題幫我重新梳理了我自己的反思實踐。個人敏捷性是有意識地選擇並針對最重要的領域採取行動，以產生最大的影響，並獲得最豐盛的回報。」

—— Pete Behrens，Agile Leadership Journey 創始人

「隨著世界以快速的步調不斷變化且充滿不確定性，個人敏捷性提供專業人士必要的工具、思維和實例，讓他們知道如何茁壯成長。這本饒富趣味的書能指引你從混亂走向明晰。」

—— Jorgen Hesselberg，Comparative Agility 共同創辦人

「個人敏捷性讓我感覺更能控制我的生活。我的目標變得更容易實現，我也找到了人生的意義和快樂。」

—— Adelina Stefan，瑞士國際教練聯盟專業認證教練

致謝

敏捷的本質包括協作和互相學習，而這個概念造就了個人敏捷系統（Personal Agility System，簡稱 PAS）和這本書今天的樣貌。在我們的旅程中，我們曾與許多個人和組織合作，希望在此表達感謝：

- ▶ 早期的貢獻者，特別是 Kamila Duniec 和 John Socha，他們協助挖掘出「真正重要的問題」。

- ▶ 感謝 Lyssa Adkins、Alistair Cockburn 和 Joe Justice 給予我們鼓勵，並驗證我們對敏捷和專業教練的理解。

- ▶ 個人敏捷性認證大使（The Personal Agility Recognized Ambassador, PARA）社群：Amogh Sukhatankar、Fadly Arisandy Rasyad、Ilham N Musayev、Ipsita Mishra、Jan Farkas、Jatin Sanghavi、Johanna Hurtado Morales、Katrina Snow、Nagini Chandramouli、Pete Blum、Pierre Neis、Sakthi Chandrasekar、Satyajit Nath、Senela Jayasuriya、Sharon Geurin、Shikha Kathuria、Sriram Rajagopalan、Susannah Chambers、Tobias Glaser 以及 Yaara Kaminer。

- ▶ 在 PARA 社群中，要特別感謝 Shweta Jaiswal、Piyali Karmakar、Janani Liyanage、Adelina Stefan、Jyoti Dandona、Liviu Mesesan、Jim Hannon、Hugo Lourenco 以及 Gail Ferreira；這些熱情的早期採用者協助推動與定義個人敏捷性，作為一種運動，也是一種思想學派。

▶ 我們的客戶群中，願意分享他們的故事作為案例研究的人，包括 Michael Mrochen、Ben Sever、Walter Stulzer、Jörg Ewald、Larry Pakeiser、Andreas Kelch、Katrina Snow、Pete Blum、Sara A.、Gabriel Chiriac、Adriana Carrano、José Albuquerque、Karina Schneider、Cory Schroeder、Tuhan Sapumange，以及最特別的 Sharon Geurin，她的故事鼓舞了我們，用案例研究的方式記錄下 PAS 的成功。世界各地選擇成為 PARP 的人，身為早期的採用者，有你們信任與幫助，我們得以將 PAS 發展為一個框架和方法，作為教學和分享個人敏捷之用。

▶ 我們 2017 年在行銷郵輪上遇到的一些專家，特別是 Iman Aghay 和 George Verdolaga。想像一下在一艘加勒比海郵輪上舉辦的開放空間會議，我們之所以用「牙買加」做比喻是有原因的。

▶ Peter 在「Pizza Call」中給予他建議、挑戰和靈感來源的朋友們（我們在 Pizza Call 期間並沒有吃披薩）：Andrew Holm、Dawna Jones、Jay Goldstein、Stephen Denning、Dr. Thomas Juli、John Styffe 和 Nancy Van Schooenderwoert。

▶ 世界敏捷論壇（The World Agility Forum）每年在葡萄牙里斯本舉辦，以表彰在個人敏捷性應用上表現出色的領導者和組織，並在 EXperience Agile 和 Agile Human Factors 舉辦個人敏捷性的行政圓桌會議（Executive Roundtable）。特別感謝 Hugo Lourenco 和 Paula Magalhaes 以及他們的團隊每年舉辦這些活動。

▶ 感謝 Jim Hannon 和波士頓大學敏捷創新實驗室（Boston University Agile Innovation Lab）為研究生開發了一個與個人敏捷系統相關的計畫。

▶ 感謝 Jorgen Hesselberg 和 Comparative Agility 團隊，他們在其敏捷評估和持續改進平臺上，認識到個人敏捷性的強大能力。

▶ 感謝 Scrum 聯盟（The Scrum Alliance）認可我們的工作並發表我們在軟體以外的敏捷相關訪談和文章。

▶ 感謝全球敏捷社群給我們機會在他們的研討會、聚會和 Podcast 中談論與分享個人敏捷性。

▶ 感謝 Rene Wettler、Pino Decandia、Rijon Erickson、Katharina Knoche、Bertrand Jakob、Christine Schmucki 與 Dhanushka Arjuna 提供的額外支援與靈感。特別感謝所有相信我們使命的人！

▶ 我們的出版商—— Business Agility Institute，尤其是 Evan Leybourn 和出色的編輯 Chris Ruz，協助完成了這本書並將它推向全世界。

▶ Sabine Stevens，是她為 Celebrate and Choose 注入了慶祝的精神。

我們想對那些贊助我們工作的人表示特別感謝，他們所給予的支持超出了責任範圍之外：Alex Sidorecs、Ash Tiwari、Bernard Boodeea Herbert Segura、Jane Noesgaard Larsen、Johanna Hurtado Morales、John Farrow、Kiro Harada、Magdalena Gałaj、Marcus Ward、Nancy Endrizzi、Raymond Cheong 以及 Sebastian Sussmann。

推薦序

Alistair Cockburn

過去這 30 年，我看到過勞的員工、壓力重重的上司，還有那些自我燃燒殆盡的企業家。全世界都能找到「必須盡全力向前跑才不會倒退」這種現象，而本書就是為了解決這個問題。

當你努力奔跑時，你應該前進。無論你做什麼工作，都應該找到快樂。 Peter Stevens 和 Maria Matarelli 合著了一本絕妙的書，將能助你達成以上兩點。這本薄薄的書容易閱讀，內容包含問題、反思、洞察、提示和技巧，幫助你重新定位人生，並朝向目標前進。

他們在書中展示了，如何運用反思工具在生活中實現個人設定的專業目標，以及公司專業活動中的目標（如果有的話）。

這本書包含了許多個人故事，這些人是我認識的人，我見證了他們如何改變人生。我看到 Maria 本人利用這些工具成就她現在的多重職涯身分（沒錯，是多重！她甚至成為一名國際 DJ ！）。

個人敏捷性不僅僅是更有效率地完成任務。它是關於如何選擇一條你內心真正嚮往的道路，並使用與你之前燃燒的相同或更少的能量向前邁進。閱讀這些故事，學習簡單的反思技巧，然後親自見證這一切。希望你在這趟旅程中愉快地向前行。

Lyssa Adkins

我身為一個敏捷主義者已長達 15 年，且長期在個人生活中應用敏捷（只要詢問我家人我在廚房櫥櫃上的便利貼就知道）。個人敏捷系統將這種情況提升到了新的層次：教練式提問引導我真正看到我如何分配時間，以及我是否重視對我真正重要的事情。它迫使我面對一些艱難的選擇，但是這個過程是值得的，因為我的事業和人生使命如今緊密相繫。我還知道我正在做的事情能夠讓我充滿活力，同時也實現了那個使命，這使我感到喜悅不已。

當你總是習慣於不停地做事卻不停下腳步來慶祝你的成就，這種明知手上工作已經滿檔仍然繼續接受新任務的模式，已經變成一種職業風險。

高水準的表現和接連不斷的挑戰之間存在一種相依關係，甚至變成了一種上癮的行為。這種演變會冷不防地壓垮我們，而最重要的事情也慢慢消逝。然而，卻從沒有人告訴我們這個祕密。

我花了一段時間才將我的注意力持續集中在本就應該排在最優先處理的事情上，包括休息和充電。我必須改變自己原來對成功就是「始終在工作狀態」的信念，相反地，我認知到休息和充電才是工作的必要部分。PAS 幫助我重塑了這種觀念，並創造了維持此信念的習慣。

在這本書中，你會找到你需要的藍圖，以突破箝制你目前信念的桎梏，同時建立結構和一致性，使你可以在對你最重要的領域中實現卓越的成就。

在與 Maria Matarelli 和 Personal Agility Institute 合作過程中，我很喜歡與這些團隊攜手共事的感覺。

我喜歡聽故事，聽人們如何從慘淡的財務狀況中解脫、如何減重、如何找到有價值的工作，以及如何挽救他們努力經營的生意或是關係。

我所學到的是，每個人的方法都略有不同，但結果是一樣的：一種達成更有意識的生活方式，既能帶來成果，也能真正獲得滿足並保持平衡。PAS 幫助我忠於面對人生中最重要的事情：我的工作人生、我的長期目標、我的個人生活……所有

的一切。在此期間，我有許多「恍然大悟」的時刻，對敏捷開發有了更深層的理解。我甚至還教練敏捷開發團隊，幫助他們真正「理解」這些課程，但我從未以團隊成員身分在敏捷團隊中工作過，所以我還沒有親身體驗過。

研究個人敏捷性為我解鎖了一個全新的敏捷視野，等待我去整合。我現在可以說，由於使用個人敏捷性的經驗，我可以深深理解許多敏捷的課程，因為我親身經歷了這一切。它們並不僅僅是概念，更是透過深刻感受所得來的學習。我相信PAS 對於那些永遠不會在敏捷團隊中的組織領導者來說是一種強大的方式，讓他們也能夠獲得跟我一樣的體驗，直接納入這些課程，讓敏捷性在他們的組織和個人生活中開花結果。

Stephen Denning

當 Satya Nadella 在 2014 年接任 Microsoft（微軟）執行長時，許多評論家認為這家公司已經走到了盡頭。Microsoft 的軟體產品正在走下坡，它的舊產品缺乏活力與吸引力而顯得「無聊」，它對 Nokia 手機的投資更是糟糕透頂。市場上所有重大科技席次都已經被龍頭企業佔據：Google 擁有搜尋引擎，Facebook 擁有社群平臺，Apple 擁有通訊。Microsoft 則是收益持平，股價也停滯不前，員工士氣低落，只有少許人看到一條可能發展的方向。Microsoft 似乎成為一個工業時代的遺跡，像許多其他大公司一樣，未能理解和掌握新興數位經濟的意義。

大部分進行數位轉型的公司，一邊嘗試數位創新，一邊又堅持用那些不會成功的過時商業模式。他們都面臨同樣的結果：那些不成功的商業模式吸走的能量，阻礙了公司全心投入數位創新。公司混混沌沌經營著，靠著削減成本獲利，因表現不佳和缺乏成長前景而在股市上遭到重擊。公司的董事會也在這時候失去耐心，雇用了新的 CEO 來重新整頓。

但 Nadella 有不同的想法，他做的第一件事就是表明 Microsoft 不會做什麼。他做了前所未有的事，並宣佈該公司將不再以其旗艦產品「Windows」作為業務，還宣佈 Microsoft 將不再發展 Nokia 手機，儘管公司已投入許多成本。

反之，Microsoft 會投入到能夠有所作為的事情上。這些決定為公司釋出了許多的時間和精力去開墾更有前景的道路。七年後，Microsoft 的市值增加了兩兆美元，證明批評者的眼光是錯的。Microsoft 不僅有未來，它現在還是世界上最富有且成長最快的公司之一。為了實現這目標，Nadella 必須做對一些事情，但最重要的事情就是做新任 CEO 很少做的事情：說出他不會做什麼。

已故的倫敦經濟學院（London School of Economics）人類學教授 David Graeber 寫下了他對於組織中無用工作此一問題的見解。他發現，工作場所充斥著完全無意義、不必要或有害的工作，即使雇主無法證明這些工作存在的價值，員工卻受到工作條件的約束而必須假裝他的工作並非毫無價值。他進行的調查顯示，在大型公司中，不必要的工作佔總工作量的比例超過 40％ —— 也就是應該有人拒絕的那些工作。

建立和維護無意義工作的首要責任顯然落在管理者身上，但勞工本身也越來越願意主動採取行動。2021 年 COVID-19 疫情大爆發，使得許多人重新思考他們的職業、工作條件和長期目標。當許多工作場所試圖將員工帶回實體工作環境時，選擇拒絕的人數超乎了想像。

遠距工作帶來了靈活的工作時間，許多工作者（特別是年輕一代）都希望工作與生活之間能有更好的平衡。

Peter B. Stevens 和 Maria Matarelli 的《個人敏捷性》（Personal Agility）一書，為「決定何時說不」以及「為何說不」建立了一個框架。關鍵問題是，「什麼才是真正重要的？」

《個人敏捷性》提供了一條途徑，指引我們如何過上有意義、有目標的生活。教我們如何從日常瑣事中抽離出來，去思考自己是否正在做對的事，每天早晨醒來充滿興奮的心情並以充實的心情結束每一天——換言之，與你周圍的人和生活中最重要的事情保持一致。它能幫助你創造生活與工作中想要得到的成果。

個人敏捷性的先決條件是，時間是你最有價值的貨幣，它是你只能耗費一次的資源，而這本書能夠使你系統性地思考你在真正重要的事情上花費了多少時間。

本書同時揭示，當你所做的事與真正重要的事情一致時，可以發生多麼美好的結果。書中有許多記錄人們如何完全改變人生方向的故事，他們停止進行沒有產出的事情，而且致力於新事業和新關係上。

《個人敏捷性》是一本值得研讀學習的書，你可以將它視為一本人生指南。

簡介

> 「敏捷性是為了高階主管,我們有資料證明這一點。」
> —— Nayomi Handunnetti
> 斯里蘭卡可倫坡 Handun 別墅及餐廳執行董事

Walter Stulzer 有個問題。他是蘇黎世的創意顧問公司 Futureworks 的執行董事,這家公司是他在兩年前從一家更大的顧問公司獨立出來的。然而,新公司並未獲利。

兩年來他嘗試以傳統的方法解決問題。他們訂下了一些評估標準,但是有太多的計畫,他的員工無法應付,要同時做太多的事情導致無法完成任何一項。他也面臨著嚴重的員工流動問題。

情況變得越來越艱難。「我們面臨流動資金問題,」Walter 表示,「也就是說,我們的錢即將花完,我們就快要撞牆了。如果再不趕緊改善,勢必面臨破產一途。我需要迅速做出改變以挽救公司。」

Walter 開始使用個人敏捷性作為一種新方法。他說:「這使我們專注於重點,並對下一步該做什麼做出有根據的猜測。每走一步,我們就會學習、檢驗並調整。即使我們做的是錯誤的事情,也可以快速學習,況且一次失誤所造成的損害是有限的。我們可以重新調整優先事項,下一次做出更準確的猜測。」

個人敏捷性為 Walter 及公司提供了新的方法，幫助他們專注於重要的事物，結果在六個月內達成了他們前兩年都未能完成的目標。換句話說：他們用四分之一的時間和一半的工作量就達成所有目標。

對於 Walter 來說，結論很明確：「我現在可以每天帶著滿足的心情結束一天，並滿懷著自信迎接新的一天。」

醒來充滿信心、並在工作一天結束時感到滿足，是我們許多人共同的夢想。無論你是老闆還是員工、企業家還是承包商、全職家管或看護、自由工作者還是 CEO，你可能會認同這樣的理念——專注於重要的事情，設法適應無法預見的挑戰和狀況，並在晚上入睡時知道自己在成功道路上已取得可觀的進展。

個人敏捷性可以引導你走上成功的道路。它是一個自我管理和自我反思的系統，幫助你認清真正重要的事情，創造具體可衡量的步驟以實現你的目標，並追蹤你在整個旅程中保持精力和動力所採取的步驟。

雖然個人敏捷性建立在商業敏捷性的基礎上，並借鑑其原則和流程，但它並不僅限於工作場所。你在這本書學到的課程可以應用於創業、裝修你的家、改造 IT 團隊或是完成大學修業。

你可能已經意識到，本地和國際市場的變化有多麼迅速，科技的進步如何顛覆了整個產業，幾十年前的許多品牌甚至產業現在已經不復存在。以指數型速度成長的產品及效能進展，再融合新的科技，在在意味著企業必須比以往任何時候更創新才得以在這個時代生存下去。許多企業領導者跟 Walter 一樣，也轉而透過敏捷來幫助他們面對這些嚴峻挑戰。

無論你是經驗豐富的商業敏捷性老手，或者對這些概念全然不熟悉，這本書都將為你提供基礎，透過讓工作方式更具彈性和適應性，來應對那些變化和干擾。

> 「指數般的變化與科技的融合正在驅使世界澈底變革。
> 如果你不順應這波趨勢，你就完蛋了。」
> ── Vivek Wadhwa 於葡萄牙里斯本的世界敏捷論壇
> （World Agility Forum）發言

在企業中，「穀倉」（Silo）是指團隊、部門或個人，工作與同事完全分離開來，不分享資源、資訊或能力。今日的公司，不僅僅要在自己的組織中「跨穀倉」分工合作，還需要跨行業、跨技術來發揮最大的潛力。無法做到這一點的公司將會成為「廢品」：不是破產、被遺忘，就是變得無關緊要。

正如個人敏捷性給了一個人解決個人問題所需的工具，它也能為企業領導者提供解決問題、實現目標的方法，指引出優先考慮協作的方向。你可以在你的行為和真正重要的事情之間建立一致性（Alignment），同時在利害關係人與客戶之間建立一致性，有助於做出果斷的決策並保持專注。

如果說 20 世紀的領導力是關於管理機器以穩定地產生利潤，那麼 21 世紀就是面對複雜性和不確定性時的創新力。領導者需要新的技能來開啟他們的勞動力智慧，並促進跨界協作，無論是內部還是外部的合作。

現代領導力是關於目標、也關於文化。文化與人們及他們之間的互動有關，挑戰始於每個人的想法和感受。個人敏捷系統（PAS）提供了一種可擴展的領導方法，可以使組織、部門、團隊，甚至夫妻和個人能夠將他們的行為與真正重要的事情保持一致。

個人敏捷性為你的團隊和部門提供了他們需要的工具和視角，使客戶需求和組織目標保持一致。你的員工可以更有效地跨部門甚至跨組織協作，滿足你的客戶，創造新的市場需求，然後再滿足新的客戶。你會對人們有效率地合作並且做對事情充滿了信心。

想像每天早上以興奮的心情醒來，並在每天結束時感到滿足；感覺與周遭的人達到和諧、與生活中最重要的事保持一致，充滿活力和快樂，處於心流狀態，實現人生目標。創造你想要在生活和工作中得到的成果。

Sharon Guerin 啟發了我們開始記錄人們可以透過 PAS 達到的成就。Sharon，一位單親媽媽，曾經同時身兼五份工作來維持生計，但透過應用 PAS，在她的教練和輔導之下，創業的第一年她就成了年收入高達六位數的成功企業家。在接下來的一年裡，她成功吸引到一名六位數收入的客戶，然後應用 PAS 減掉超過 55 磅（25 公斤）的體重，大大提高了她的健康和生活品質。

我們的案例研究記錄了人們如何透過應用 PAS 達到驚人且可量化的結果。Walter 的公司從接近破產的狀態恢復到盈利，另一家公司提高了專案準時完成率，從 24% 增至超過 75%，還有一家新創公司提早完成了他們的三年路線圖，僅 18 個月就達到 3500 萬美元的目標估值。

來自世界各地和各行各業的人都在運用 PAS 來解決他們的挑戰並實現他們的目標。你將跟隨故事中的人們，CEO、創業家、學生等，看他們如何運用 PAS 來找出真正重要的事情，做他們需要做和想要做的事，克服障礙、達成目標並成為他們想成為的人。

個人敏捷系統請你活得有意識、充滿意義和滿足，以創造更好的生活。這項請求也會延伸到你的職業生涯中，為你自己和組織謀求更大的成功願景。

對我們來說，當我們意識到我們的方法可能產生的深遠影響以及 PAS 廣泛應用的程度，多一個就會出現顯著的學習效果。Sharon 是我們的第一個案例研究，聽完她的故事之後，我們進行了研究並得出結論，光是美國就可能有一億人跟 Sharon 一樣過著勉強維持生計的生活，如果我們能幫助其中 1% 的人像她一樣改變人生呢？ 如果我們能夠幫助其他領導者跟 Walter 一樣在經營上獲得巨大成就呢？

這本書透過一個簡單的框架觸及到人性化運營的核心，來幫助個人和企業轉型。它解釋了如何在任何情境中應用敏捷性，並記錄了可以實現的積極轉型。我們透過實際案例研究，分享了人們和組織應用 PAS 所取得的成果。

這本書分為兩部分，第一部分涵蓋了引導自我的基本知識；你將會發現指引方向的隱喻、六個有力的提問，以及用於視覺化進程和位置的工具。

從第 1 章開始，你將能夠找出對你或你的專案真正重要的事情。不久，你將能夠識別並應對導致分心和拖延的那些東西，以有效實現長期目標。

我們提出了一種用於實現長期目標的有力隱喻，該隱喻是根據在海上導航到遠方目標的概念，例如，牙買加若是你的目標，那麼風、浪和風暴就代表日常生活中迫在眼前的干擾和分心事物。你是船上的船長，個人敏捷性就是你的 GPS 導航，幫助你在所有那些複雜的干擾中找到通往你個人牙買加的道路。

第二部分將個人敏捷性從領導自我擴展到領導他人，我們會帶你進入對話，這個基本技能將會透過賦能（Empowerment，亦稱賦權）為你帶來領導的能力；你將學習如何在工作中應用個人敏捷性技巧來解決問題、做好調整達成一致性、進行決策並保持專注。你會獲得工具來強化與你的客戶、董事會成員和其他改為利害關係人的關係，建立一個更有反應能力的組織。

等你讀完這本書時，你將能夠將領導能力從個人提升到組織等級，透過一些工具去理解別人並與周遭的人和諧共處，並且有能力鑄造一個共有的願景並共同達成此目標。

你的目的地在哪裡？你想要去那裡嗎？我們開始吧。

目————錄 Contents

Image by Rochak Shukla on Freepik

第一部分
領導自己

Chapter 1｜改變人生的六個問題／003

Chapter 2｜個人敏捷性的承諾／017

Image by Rochak Shukla on Freepik

Chapter 3｜發揮最大的影響力／033

Image by Rochak Shukla on Freepik

第二部分

領導他人

Image by Rochak Shukla on Freepik

Chapter 6 ｜ 與人協調的藝術／ 097

Chapter 7 ｜領導之路／ 111

Chapter 8 | 行政敏捷性：
如何成為一位敏捷領導者／ 133

Image by Rochak Shukla on Freepik

Chapter 9｜回顧與接下來的行動／143

第一部分

領導自己

從前，世界似乎比今天簡單許多。

如今，要做的事情很多，而時間卻不夠用。做完事情只是問題的一部分而已，更大的挑戰在於如何處理來自生活、工作、社群媒體等等無止盡的需求。

在第一部分，你將學習如何與自我保持一致，從而找出真正重要的事情，並把更多的時間花在這些事情上。然後，你將學習如何在處理拖延、分心和日常生活與工作中其他挑戰時達成你的目標。

假如你有一個夢想，個人敏捷性可以幫助你實現。PAS 已經改變了很多人的生活，並有機會幫到數百萬人。我們將分享幾個引人注目的案例研究，以突顯可能的結果。

在商業領域，軟體產業是最早面臨現代世界複雜性的行業之一。2001 年，一群軟體開發人員發布了敏捷宣言（Agile Manifesto），開啟了敏捷運動，澈底改變了產品開發，其影響範圍現正擴大到領導力以及組織中幾乎所有的功能上。

敏捷宣言的第一個要素是關於人員與其之間互動的重要性。

實現目標的旅程，就從作為一個個體開始。

改變人生的六個問題

Image by Rochak Shukla on Freepik

在這個章節中，你將學習到關於「個人敏捷性」（Personal Agility）的基礎知識。首先，探索「真正重要的事」（What Really Matters，簡稱WRM），並內化這個指導原則。接著，你會學習到生活就如同大海，個人敏捷性如何協助你航行其中。之後，你將深入了解六個有力的提問，這六個問題在你的「個人敏捷性旅程」每一個階段都會使用到。

有了這六個問題，你已準備好探索「領導自己」與「領導他人」的不同。你還將了解個人敏捷性的五個關鍵要素，它何以能夠超越其他提高個人生產力的方法、它們之間的差異在哪裡。最後，這些概念將帶你探索如何使用這本書來改善你的日常生活、你的事業、你的關係，和其他的事情。

> **"**
> 「並不是因為我們沒有足夠的時間，
> 而是我們有太多事情要做。」
> —— Kent Beck（軟體工程師）
> **"**

Hugo Lourenco 是住在葡萄牙里斯本的一名企業家，他擁有一家顧問公司和一些其他事業。他希望推出新一代的產品和服務給他的客戶。

「我曾瘋狂地工作，但投入這麼多時間卻沒有讓我得到有價值的回報。我發現自己同時跟七個組織合作，忙到無法實現我的長期目標。問題在於，我必須從先前的事業失敗中重新站起來，支撐我的家庭並改造業務。我強烈感受到必須接受所有能夠賺錢的工作機會，無論是否有利可圖或符合我的長期利益；我就是無法讓自己說『不』。」

不斷地工作卻無法真正樂在其中，Hugo 很清楚他必須對自己的人生有更好的掌控。他必須要能夠說「不」才能更專注而成功，儘管這樣做是有一定風險的。

「一開始我先對自己說『不』，然後禮貌地將自己從那些耗費大量時間卻無法帶來快樂的活動中抽身出來。現在我有了更多的視角，能做出更好的決定。我更聰明地工作，而不是更努力工作。」

今天，Hugo 除了經營自己的事業，還是世界敏捷論壇和 EXperience Agile Conference 的總裁；這兩個會議是歐洲最負盛名的全球會議。

> 「『真正重要的事情』扮演了關鍵角色。如果我知道為何而做，就可以找到理由支援我這麼做——即使有風險。如今，我每天都使用 PAS『優先事項地圖』（Priority Map），我們的員工也是，因而我們都能專注在真正重要的事情上。」

時間是你最寶貴的貨幣，你只有一次使用機會。你的健康是你最寶貴的資產，一旦失去了可能永遠找不回來。你花多少時間在真正重要的事情上？你是否有太多事情要做、卻沒有足夠的時間完成？

PAS 是一個簡單的框架，幫助你將所做的事與真正重要的事情保持一致。個人敏捷性的核心有六個強大問題，幫助你視覺化並反思你正在做的事情，讓你選擇可以幫助你達成目標的行動。

透過個人敏捷性，你可以建立一個雷達螢幕，透過它發掘那些鞭策自己的力量並知道如何評估這些力量；你可以選擇那些能帶你到想去地方的活動。

實現長期目標需要毅力和意識。PAS 引入了一種導航比喻，讓你理解自己身在何處、要往哪裡走。這是人生的 GPS，幫助你認清自己什麼時候偏離了路線，好讓你修正方向。

同樣的技能，讓你能夠將自己的作為與在意的事情相結合，也可以讓你與你周圍的人對「真正重要的事情」建立共識，不管是家人還是工作上的利害關係人。反過來，又能實現真正的一致性，你變得值得信賴，成為問題解決者，一個領導者。

當你將自己的工作與真正重要的事情相結合，會有更多好事發生。一致性是商業的聖杯，由於缺乏一致性，成功執行策略的組織不到 10%[1]。 當人們保持一致時，

---

[1] 原註：Larry Myer，Forbes 撰稿人，Strategy 101: It's All About Alignment。
參考連結 https://www.forbes.com/sites/larrymyler/2012/10/16/strategy-101-its-all-about-alignment/

他們會共同解決問題，而不是爭論誰的解決方案是正確的解決方案。工作變得有趣，無謂的衝突消失，特別是在領導團隊中。

你要如何知道自己是否朝著目標前進呢？首先，讓我們探討導航隱喻；然後，你可以應用這個概念朝著你的長期目標航行，應付途中那些造成干擾、分心和拖延的風暴。

I. 導航隱喻：人生如海洋

想像一下你正在大海中的一艘帆船上。船在哪裡？這有點難以判斷。你需要一些導航工具。過去應該會有一個鐘和六分儀，它們透過測量太陽和星星來確定你的位置。但今時今日，你會使用全球定位系統（GPS）導航。

船要開往哪裡？看情況。如果船上沒有船長、沒有動力也沒有舵，那麼船就會被風、浪和海流帶向某個地方。GPS 導航可以告訴你現在的位置，並根據之前的位置來預測出船的航行方向。

船的目的地為何？何時會抵達？這也很難說。航線會隨著天氣的每一個變動而改變：風可能會使船擱淺，或者海浪和暴風雨可能把船撕裂。如果沒有風或引擎來推動船隻前進，也沒有船長設定好目的地與保持航向，那麼這艘船可能會到達任何地方，或是在大海中漂流很長一段時間。

GPS 可以告訴你現在的位置，並確認你在正確的航線上。如果你偏離了航線，GPS 會建議你修正航道、回到正軌。

如果人生是海洋，那麼你就是你那艘船的船長。你要如何到達目的地？假設你正在前往牙買加的航程中。風、浪和海流就代表你生活中的衝突力量，而它們多半不會帶你去牙買加。你帶來了驅動力並且選擇了目的地，只要再具備認識自己身在何方、前往何處的能力，就能夠設定好路線並且走在這條航道上。

將個人敏捷性視為你人生中的 GPS 導航器。牙買加代表你的目標或目的地，也就是更深層的原因。「真正重要的事」代表指引方向的星星，讓你持續朝著目的地前進。

你之所以是你，是因為你所做的事。你對於該做什麼事情的決定，反映出你真正在意什麼，同時也揭示了你的路線（或者缺乏路線）。透過改變你做的事，可以改變你是什麼樣的人。

如果你跟自己的內心不一致，或者你的行為沒有反映出你想成為的樣子，那麼你可能會覺得不快樂、不滿足或是感到空虛。調整你的優先順序，多做一些重要的事情，可以改變你的人生方向，成為你想成為的人，得到你最想得到的東西。

如果你受困於暴風雨中怎麼辦？大海波濤洶湧，狂風巨浪正猛烈衝擊著欄杆！你看不到星星為你指引方向，就算可以，也沒有時間應付這一切。船可能會沉沒！你是船長，你的職責是什麼？

▶ 不要讓船沉沒。

▶ 當海況平靜下來時，確定你的位置並繼續導航到你的目的地。

總有風雨飄搖的季節，這時只要保持住船隻不沉沒就已經足夠了。無論是海洋還是你的人生，都可能踫上激烈無比的風暴；如果你的船還能漂浮著，那麼你就還有機會繼續這個生存遊戲，每個玩家都知道，畫面上的「Game Over」只是要你再投入一枚硬幣繼續玩下一場遊戲而已。

所以，即使你大部分的時間都在做你覺得絕對必要的事情，你也仍然是你人生的主宰。在任何時候你都可以停下來反思，問自己是否想要改變任何事。你可以每週留出一些時間——即便只有一小時——為更好的未來和更好的自我努力。

II. 六個有力的提問

如果時間是你最寶貴的貨幣，那麼你希望如何花掉它、你應該如何花掉它、實際上你又是如何花掉它，所有的這些都會讓你了解到什麼是真正重要的事情。當三方面達成一致時，你就與自我保持一致了；若當中存在顯著的差異，那就是你正在偏離正軌的跡象。

這是你的人生，你有權決定重要的事情。你要怎麼找出什麼才是真正重要的事情？問問自己這些問題：

1. 真正重要的事（生活、愛情、工作或事業）？
2. 你上週做了什麼？
3. 你這週能做什麼？
4. 在所有你可以做的事情中，什麼重要、什麼很緊急、什麼會讓你快樂？
5. 在這些事情當中，你希望在這週完成哪些事情？
6. 如果遇到困難，誰可以幫助你？

「真正重要的事」可以幫你找出生活中的一些重要課題或優先順序，幫助你評估你的決定並指引你做出更明智的選擇。

慶祝你完成的事情，即使成果並不如預期，這有助於你了解自己的位置，做出更好的決策來決定下一步該做什麼。

將你的待辦事項清單視為可能性清單，這意味著如果這週無法完成全部事項，也沒有理由心情不好，因為很可能有些事情根本無法完成。

你的快樂是讓方程式完整最重要的部分。釐清哪些可能性是重要、緊急的，或者會讓你感到快樂，讓你能夠做出保持在正確道路上的選擇。你可以專注於想要實現的目標，你可以在重要事情變得緊急之前完成它們，你可以完成短期計畫而仍保持對長期目標的關注。最後，你可以確保自己有足夠的獨處時間，以保持快樂和充滿活力。

將答案寫在便利貼上，並把它們貼在牆上、一目了然。你可能會發現，「你將如何花掉你的時間」跟「你希望如何花掉你的時間」可能並不一致。你可能會覺得**必須**做某些你並不想做的事；或許情況確實是如此。請確保你至少有做**一些**你想做的事情，你手中握住船舵，開始掌控情勢。

這六個問題不僅幫助你理解人生中的複雜情況，也邀請你對自己保持一種友善的態度。你可能會發現自己完成的事情比你最初想像的還要多；此時你可以提醒自

己你盡了全力。而且，如果你不喜歡現狀，可以做出不同的選擇，個人敏捷性能幫助你識別這種不一致何時出現，並為你騰出空間，讓你記住你想要做什麼。

III. 從領導自己開始到領導他人

Shweta Jaiswal 在印度 Gurgaon 成立一家新創公司，她是敏捷顧問和教練，也熱愛旅行。在 2018 年，Shweta 辭去了她 15 年的工作、成立了自己的公司。她說：「我想把我的熱情轉化為我的專業，給予人們能力去改變人生。我以為自己當老闆會過得更輕鬆，然而我卻面臨許多不同的工作面：產品行銷、網站架設、會計等，有太多的事情要做，根本是難以承受，也連帶影響我的私生活：我沒有時間陪伴我的孩子們。所有事情看似都非常重要，但我沒有解決方案。公司並未成長，我的投資也沒有得到回報。我開始懷疑離職到底是不是正確的決定。」

Shweta 決定要更有組織，並按照優先順序來處理工作。她希望在工作與生活之間找到更好的平衡點、降低她的壓力，同時她希望公司能夠更加成功，於是開始應用個人敏捷性。

> 「PAS 為我的生活帶來了新的紀律。我使用 PAS『優先事項地圖』和『麵包屑足跡』（Breadcrumb Trail）來釐清事情，這樣就不會遺漏重要的事情。『麵包屑足跡』幫助我反思和回顧，讓我看到自己做過什麼，並捫心自問怎麼樣可以做得更好。它幫助我不遺漏重要的工作，無論是私人還是工作方面。我每週更新、每晚查看，以確保我完成了打算要做的事。
>
> 每週五，我看著 PAS『優先事項地圖』，對自己已經完成的事情感到滿足（這確實令人充滿動力）。每兩個月左右，我會給自己一個短暫假期來犒賞自己完成了比想像中還要多的事情。成就感能給你帶來快樂。」

Shweta 開始感覺到生活逐漸理出了頭緒，一切有條不紊，她的人生不再亂七八糟。學會優先處理重要事務幫助她拿捏工作與生活之間的平衡，改善了她的家庭狀況，帶來了整體幸福感。「個人敏捷性方法已成為我的生活方式。我不需要付

出額外的努力去實踐，它只是心流的一部分。我會自動反思某件事是否重要，變得更懂得怎麼下決定。」

Shweta 的公司變得非常成功。在一年之內，就建立了良好的客戶基礎，公司從訓練和諮詢，擴展到工作坊、一對一教練、文化改造等業務。「一切越是井然有序，就越有條件擴展到其他領域。所以，我現在可以雇用人來幫忙。人們想要和我一起工作，因為他們知道他們將會與我一起成長。」

對於 Shweta 來說，創業對她的家庭生活、時間管理和可支配時間產生了影響。隨著業務的發展，分享她的願景、確保員工與她有共同的目標且方向明確就變得非常重要了。

確定真正重要的事可能會牽涉到他人。在家裡，你有家人和朋友；在工作上，你有顧客、利害關係人、上司、執行董事會、其他部門以及對真正重要事物有發言權的人。為了向前邁進，你需要一致性和共識。

當兩個人對於「真正重要的事」有共識，他們的決策將出於相同的基本優先順序；換句話說，他們保持一致。當你們在「真正重要的事情」上達成共識，就是在你的組織中建立一致性。PAS 透過額外的工具產生六個有力的提問，幫助他人解決問題、找出共識並且對行動方向達成相同意見。

「關係」（Relationship）描述了人與人之間如何互動。有些關係是支援性，有些是中立的，還有些是有害的。互動會造成影響，簡單的參與規則（Rules of Engagement）可以幫助你定義這些關係。

「湧現」（Emergence）是指個體透過交流，創造出比自身更大的事物之過程。比如，個體可以形成一個團隊；團隊可以形成一個聯盟；家庭可以形成一個社區；社區可以形成一個城市，以此類推。

個人敏捷性利用目標清晰度（即真正重要的事情）以及簡單的參與規則來提供方向並塑造行為。

你是否曾經遇過這樣的情況，專案利害關係人彼此爭辯、陷入對抗衝突？在大多數情況下，他們對八九成的事情看法相同，但卻對那些共識視而不見，反倒花時

間在那僅一成的異議點上爭論。每一個人都堅信其他人沒有聆聽他們的意見，所以不斷提高音量重複自己的立場，甚至打斷對方「我知道你要說什麼……」。你熟悉這種模式嗎？

諷刺的是，如果你想讓別人聽你說話，最好的做法是先聽他們說話。**真正去聆聽**對方，讓他們不僅把話說完，還要把想法表達完全。然後提出問題以釐清是否確實理解他們的意思，詢問是否還有其他問題。透過真正的傾聽，就是做好了讓他們聆聽你說話的準備。傾聽所有利害關係人的意見，對整個情況有全面的理解，並與每一個利害關係人建立起信任關係，讓他們和你既能共同前進也能個別前進。

關鍵技巧是對話。提出明確而有力的問題，然後認真聆聽答案。透過對話可以建立同理心，也就是「我聽你的，你聽我的，我們關心彼此答案」的感覺。同理心是達成一致性的推動者，進而促使決策和專注成為可能。

個人敏捷性為你提供了「畫布」（Canvas）——也就是幫助你應用正確對話的一系列問題——以便在不同的上下文中辨識出真正重要的事情並形成共識。反過來，這能使群體做出可以得到廣泛共識的決定。你的團隊或組織可以變得果決並保持專注。

將個人敏捷性應用到生活中，可以確定目的，慶祝你所取得的成就，並選擇你想做的事情。透過對話和反思，大多數人會更善待自己，然後再善待他人。

個人敏捷性為你提供了工具來建立關係、信任並塑造湧現，你便能夠達成你想要達成的目標。

IV. 是什麼讓個人敏捷性與個人生產力不同？

追本溯源，個人敏捷性受到了許多影響，其中包括 Scrum、精實（Lean）、看板（Kanban）、教練（Coaching）、有力的提問（Powerful Question）、Christopher Avery 的責任流程（The Responsibility Process），以及 Simon Sinek《先問，為什麼？》、Daniel Pink《動機，單純的力量》、Patrick Lencioni《克服團隊領導的 5

大障礙》和 Tim Urban 的 *Wait but Why* 一書，特別是他關於拖延、湧現和 Elon Musk 的文章。

定義 PAS 的五個要素：

▶ **目的（Purpose）**：創造目標的清晰度，將你所做的事與真正重要的事物保持一致。

▶ **慶祝（Celebration）**：慶祝你完成的事情，以了解你目前的位置。

▶ **選擇（Choice）**：選擇做什麼事來確保你正朝向你想去的地方前進。

▶ **節奏（Cadence）**：定期慶祝及選擇以保持腳踏實地，設定可達成的目標，並專注於長期目標。

▶ **對話（Dialogue）**：向自己和他人提出有力的問題，以建立信任、理解挑戰，並識別可行的選擇。

與許多被定義為跟隨流程的其他方法不同，個人敏捷性包含了有力的提問，可供你自我詢問或問他人。這裡有你在其他地方可能無法獲得的五大好處：

▶ **目的明確（Clarity of Purpose）**：賦予你說不的力量。

▶ **態度（Attitude）**：個人敏捷性鼓勵善良和好奇心。

▶ **處理分心事物（Dealing with Distraction）**：生活總會發生變化；PAS 協助你迅速察覺自己是否偏離了正軌。

▶ **可擴展性（Scalability）**：你可以個人使用 PAS，也可以與你的家人、你的團隊、你的專案或是你的組織一同使用 PAS。

▶ **轉變（Transformation）**：如果你想改變自己，PAS 將幫助你釐清你想成為什麼樣的人或改造成什麼樣的組織，然後協助你實現這個目標。

「精實」和「看板」是關於優化工作流程；個人敏捷性則是關於優化你的行動以便與真正重要的事保持一致。比起完成更多事情，個人敏捷性更深入，它能讓你從那些事物中找到更多的快樂、滿足和意義。「Scrum」是關於組織一個團隊，用較少的時間為客戶創造更大的價值；個人敏捷性則是關於把時間投資在你關心的事物上。

如果其他框架是關於完成事情，個人敏捷性則是關於轉變。如果你有一個夢想，PAS 可以幫助你實現它，儘管你有能力獨自完成，但是當你與其他人協作時，轉變的力量會真正湧現出來。

我們邀請你將 PAS 及其工具和問題視為一個老朋友：無論何時你需要他，他都會為你提供幫助，即使你們很久沒見面，他也不會生氣。

V. 是什麼讓個人敏捷性成為可擴展的領導架構？

PAS 是一種領導框架（Leadership Framework），讓任何人都能看到他們所處環境的「大局」，並做出相應的行動。PAS 是一種可擴展的框架，因為它能處理組織任何層級的情況，甚至塑造一個組織的文化。個人敏捷性可以成為一個靈活組織的基石。

「湧現」是指將一個系統內的各部分結合起來、形成比自身更大的東西，比如組成一個團隊。個人敏捷性的實踐者透過與周圍的人互動來駕馭湧現，使他們未來的自我得以逐漸湧現。

有了目的、慶祝、選擇、節奏和對話的基本構件，你將擁有引導和塑造湧現的工具。文化變得可以操作。個人敏捷性的新興屬性使你能夠創造出一個靈活的組織：

▶ **同理心（Empathy）和善良（Kindness）**：對自己好一點，就更容易對別人好。同理心是一種由對話工具培養出來的信任形式。對話促進同理心，而同理心則促進一致性。

▶ **一致性（Alignment）**：透過確定共識並將衝突重新打造成需要解決方案或決定的共識，使利害關係人達成共識並做出決定。

▶ **決斷力（Decisiveness）**：一致性使決策成為可能，而節奏降低了做出錯誤決策的風險。決策會變得風險更低、政治色彩更少。

▶ 專注（Focus）：節奏降低了人們進行多工處理的誘惑。讓目的、決策與強力支援保持一致，組織便可以專注於其優先事項，並持續專注以實現其目標。

VI. 如何使用本書

「慶祝並選擇你的人生！」
—— Janani Liyanage，斯里蘭卡可倫坡

人生就像海洋，而你就是你的船上的船長，可以決定要航向何方，就算中途遇到暴風雨或被海浪耽擱延誤，還是可以引導你的船抵達安全的港灣。這本書將會指導你如何做到。

個人敏捷性不僅僅是關於組織你的任務，更是關於教練自己和他人去找出什麼是真正重要的，並據此來導出人生的方向；它幫助你慶祝並選擇你的人生。

在下一章，我們將會證明這種方法確實有效。每個小節都有來自世界各地人們的案例研究：從學生到 CEO，各種情境中的男男女女都使用了 PAS 來轉變他們的生活和工作，這些轉變不但可以衡量而且顯然變得更好。

在後續的章節中，我們將介紹 PAS 如何運作以及如何應用它。 在這本書中，你將學習如何⋯⋯

▶ 釐清生活中真正重要的事。

▶ 擅長完成事情。

▶ 克服分心和拖延，以達成長期目標。

▶ 使用教練技巧來幫助人們創造更好的成果。

▶ 讓利害關係人與你生活中的重要人物保持一致。

- ▶ 組織並專注於做重要的事情。
- ▶ 應用僕人領導（Servant-Leadership）來達成組織目標。
- ▶ 有效應對干擾和尚未計畫的事件。
- ▶ 犒賞自己，每天找尋快樂。

在每一個章節中，你將學會運用一些工具和技巧，這些工具和技巧簡單易學，並且能給你帶來成效；一開始使用就會感覺到其價值！我們對如何使用此書的建議很簡單：讀一章，然後立刻應用你所學到的內容。

我們也推薦你加入我們的網路社群，在我們的討論群「應用個人敏捷性」中分享你的逐章經驗（參考連結 www.PersonalAgilityInstitute.org）。

當你將「個人敏捷性」視為生活或專案的 GPS 導航器時，它會將你是誰、你在做什麼、你將變成什麼全部連接起來；你將看到你的人生中有哪些力量、它們會帶你去到哪裡，而你有權決定這一切。

這六個問題可以改變你的人生。

個人敏捷性的承諾

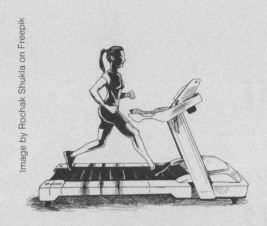

Image by Rochak Shukla on Freepik

在這一章，你將透過探索以下三人在三種不同情境中的經驗，了解到個人敏捷性有可能改變你的人生。這些人都在個人教練的幫助下經歷了 PAS，並使用它來改變日常生活、事業、人際關係以及對生活中真正重要事物的理解。

首先，你將看到 Sharon Guerin 的故事，從身兼五份工作汲汲營營過日子到經營自己夢想中的事業。接下來，你會看到 Sara A 的故事，她經歷了一段長期失業，然後發現了 PAS，並應用學到的知識展開一份全新且充滿意義的職業生涯。最後會看到 Pete Blum 的故事，他在結束軍旅生涯後，利用個人敏捷性找到了人生目標和個人成就感。

在這個過程中，你會發現這些人代表著現代社會大多數的人，他們的掙扎、經驗和成功，著實反映出許多在日益複雜且變化莫測的世界中努力求生存的人。

> "
>
> 「個人敏捷性幫助我創造一個我以為永遠不會擁有的人生。」
> —— Sharon Guerin，佛羅里達州棕櫚港
>
> 「在我開始撰寫履歷之前，我需要先提升自己。」
> —— Sara A.，瑞士
>
> "

即使在開發和教練個人敏捷性的最初階段，我們就相信 PAS 具有巨大的潛力，能夠透過提高效率和洞察力來幫助人們改善生活。即便如此，與我們合作的許多客戶所獲得的驚人成果，仍然常常讓我們訝異不已。

幾年前，當我們準備進行一週的面對面協作時，我們首次對 PAS 的真正潛力有了一些認識。當時 Maria 一直與 Sharon Guerin 合作，並透過個人敏捷性的教練幫助她開創自己的事業。在規劃這段旅程時，Maria 和 Peter 交換了幾條訊息：

Maria：Peter，我想介紹你認識 Sharon，她想邀請我們一起吃晚餐。

Peter：為什麼邀請我們用餐呢？

Maria：表達謝意。

Peter：感謝我們什麼？

Maria：感謝我們告訴她個人敏捷性。多虧了 PAS 以及我們的共同努力，她的人生有了嶄新的面貌。

在晚餐期間，Sharon 分享了她的故事。以前，她必須身兼五份工作勉強維生，但現在她實現了自己的夢想，成為一名成功的企業主。聽著 Sharon 的故事，我們意識到 PAS 的巨大潛力，它可以幫助數百萬人，遠遠超過在商業上的應用。因此我們決定要記錄更多的故事，以揭露個人敏捷性的潛力。想像一下，如果我們可以在全國甚至全世界複製這些案例，將會對多少人的生活帶來影響！

拜這些早期案例研究之賜，我們至少找出了三大社會挑戰是 PAS 可以施力的地方，幫助人們改善生活品質——努力掙扎維生的人、正在經歷非自願轉職的人、退伍後重新進入社會的人。

我們將在本章探討 Sharon Guerin、Sara A、Pete Blum 這三個人如何應用 PAS 來達成生活品質的重大改善。我們將會著眼於社會的全貌，以了解系統性地應用這些技術的潛能。在這本書的第二部分，我們將進一步呈現與商業相關的案例。

I. 借助 PAS 之力，從努力掙扎走向蓬勃發展

Sharon Guerin 是佛羅里達州聖彼得堡一名有抱負的私廚，她夢想開創自己的事業，但不知道從何開始。她大部分的人生都是做為一位單親媽媽，子女雖已成年卻仍靠她支助，儘管她同時身兼五份工作努力維持生計，也僅是勉強度日而已。她覺得自己的人生被困住了，無法打破那個不停將她往下拉扯的枷鎖。

她的其中一份工作是當 Uber 司機，因為開車機緣而結識了 Maria。當她在佛羅里達州坦帕機場載 Maria 時碰恰提到：「我真的很想成為一位私廚，擁有一個電視烹飪節目。」不經意說出口的這番話卻開啟了一場對話，並且兩人於三天後拍攝了 Maria 的第一支 YouTube 烹飪節目影片[2]。

在 YouTube 上推出烹飪節目後，Sharon 的餐飲外燴業務開始發展。她向 Maria 求助，問她該如何開展業務。

---

2 原註：YouTube 頻道《Healthy Cooking with the Culinary Queen》https://www.youtube.com/c/TheCulinaryQueenPrivateChef

最初，光是負擔食物的成本就是一個巨大的挑戰。漏繳一次汽車貸款導致她的車被銀行收回，意料之外的帳單對她來說根本是災難。身為一個單親媽媽，她總是以家庭為重，甚至犧牲了自己的夢想。Sharon 並未打從心底相信她有能力成功，而周遭的人都成了她前進的絆腳石。

「過去我一直全心全意幫助我的孩子並且設法讓所有人開心，以至於從未真正思考過什麼是重要的、我想要什麼樣的人生。我受夠了那些不健康的關係，也從未放棄我的夢想，但我看不到要如何實現夢想。我拼命努力想闖出一番事業，但困難重重。」

她的銀行帳戶經常因為餘額不足而被收取費用，常常支出大於收入，她不知道要怎麼打破入不敷出的惡性循環。Sharon 樂於學習並努力工作，但她欠缺一個相信她的人為她指引方向。

是 Maria 與 PAS 一起幫助她度過了早期的那些難關。經過兩年的時間，她已經走出那段艱困的歲月，如今，無論在財務上或情感上，她都能夠駕馭生活中的起起伏伏。

當 Sharon 開始使用 PAS 時，她意識到：「阻礙我成功的並非僅僅與商業相關，多年以來為了努力維生的這種生存模式，才是阻礙我在工作、事業和人生成功的真正原因。光是打拼事業是不夠的，我的個人生活也必須做出改變。」

利用個人敏捷性，並與教練和工作夥伴合作，Sharon 獲得了小額貸款，得以讓她支撐下去。

「能夠視覺化是很重要的。我確定了對我真正重要的事物並且建立『優先事項地圖』，把真正重要的三件事——健康、財務和事業寫下來，貼在車子的儀表板上。看著它、說出來、寫下來；你會記住，而且會變成一種習慣。

我找了一位工作夥伴擔任導師，她分享了有關經營的基本知識，從行銷、宣傳、運營到開發票，還有許多其他經營面的 Know-How。如果她相信我，我也必須相信自己，就算困難重重我還是堅持不懈。

這些貸款幫助我改善了現金流的問題，因此我不再需要擔憂透支問題。這證明有人相信我！以前，我得把一半的收入拿去繳銀行費用，財務困境把我綁得死死的，如今這些貸款幫助我打破了這個循環。

我的人生從未如此成功。我真正感覺活著、感覺到被愛，我很快樂，也有穩定的收入。我的家人對我和我的成長感到無比驕傲；孩子們從我身上學到很多東西，他們比以往任何時候都更能獨立自主。我的事業也讓我在社區裡受人尊重——我曾經為一些知名機構的慈善活動和癌症福利活動提供外燴服務。當我開始相信我可以做到的時候，心態上就有了轉變。」

Sharon 從身兼五份工作到現在經營著自己夢寐以求的事業，頭一年就獲得了六位數以上的收入，比她過去一年收入多出兩倍以上。在她營業的第二年，贏得一位身價六位數客戶的訂單，遠遠超乎她的想像，然而她做到了！

將個人敏捷性應用於她的健康上，讓 Sharon 減了超過 55 磅（25 公斤），和過去幾十年相比，現在的她感覺更年輕、更健康，也更快樂。當 Sharon 回想起個人的成就，她興奮地高呼：「我覺得我的人生才正要開始！真正重要的事就像生命樹的根源，一旦明白了這個道理，一切都會回復正軌。當你清楚地看見這些東西，設定優先順序，然後就可以投入那些幫助你實現夢想的事情上了。」

個人敏捷性的潛力！

如果美國聯準會（Federal Reserve Board）判斷正確的話，至少有四成的美國人跟 Sharon 發現個人敏捷性之前的處境是一樣的。在 2019 年，有四成美國人無法負擔 400 美元的緊急開支，而有三分之二的人無法負擔 1,000 美元的意外開支，也就是一到兩億人[3]！

---

[3] 原註：參考連結 https://www.cbsnews.com/news/nearly-40-of-americans-cant-cover-a-surprise-400-expense/。

想像一下，如果大多數人更能夠掌控自己的生活，能夠面對突如其來的事件而不至於壓力爆棚。PAS 已經幫助許多客戶賺到更多錢、拒絕有害的人際關係並成為周遭親友的榜樣。

如果這是一個可重複的模式，將會對國家收入和生活品質帶來重大的影響。

如果你能體會 Sharon 的故事，就可以使用個人敏捷性工具來……

▶ 釐清你真正想從生活和工作中得到什麼。

[第 3 章 發揮最大的影響力]

▶ 讓你的目標明顯且容易記憶。

[第 3 章 發揮最大的影響力]

▶ 認清是什麼事情讓你分心。

[第 4 章 最快的路徑]

▶ 尋找旅程中的支援——教練、導師或朋友。

[第 4 章 最快的路徑]

II. 使用 PAS，從失業邁向有意義的職業生涯

從前，人們長大、上學、工作，然後持續工作直到退休；現在，終身就業變得越來越罕見，人們換工作的頻率比過去高得多（有時是主動離職，有時則不然）。今天，競爭越來越激烈，就業變得越來越困難，尤其是對於人生處於後半階段的人來說尤為如此。失去工作對社會來說是一種成本，對個人來說是一種負擔，而我們相信個人敏捷性可以對社會及個人產生積極正面的影響。

每天當你去工作，有很多事情要做、需要跟人交談。你賺錢，有了一定的地位，無論你是銀行家還是工匠，不管你是木匠還是主管，工作給了你身分和目標，並且填滿了你的時間。你是某人，有事情要做。

失去工作的那一天，一切都會改變；這可能不是你的錯，但因為這個改變，你的收入來源受到了影響。一旦你沒工作，行事曆就會變得空白，除非你填滿它。沒

有人給你工作或告訴你該怎麼做，而申請失業津貼會為自己帶來心理上、情感上、社會上甚至更多的影響。

你必須自己規劃時間並整理好自己，才能再次投入求職的行列。你會遞出許多求職申請，而大部分都將被拒絕，只有少數公司會給你面試的機會，而你必須說服新僱主你是該職缺的最佳人選。這個過程的每一步都可能讓人筋疲力盡、充滿了沮喪……除非你有一個路線圖並得到援助。

Sara 的案件

Sara 曾在國外金融服務業擔任高階人力資源主管。她離職後在瑞士定居，但由於缺乏必要的專業本地資源，使得她很難找到適合的工作。她說：「說實在，我感到困惑、不知所措，找傳統的 HR 工作完全沒下落，想要在一家更具創新思維的公司工作更是難上加難。」

> 「我希望找到一份好工作，能充分應用我的技能和能力、發揮我的影響力。我能做的事情和有興趣的事情很多，但似乎缺乏重點。在某一刻，我意識到了需要設定一個清晰的目標，為了成功做到這一點，首先需要讓生活建立秩序。過程中我也發現，我想要擺脫傳統的人力資源行業，做教練和幫助他人的工作。這是一種隨著時間逐漸湧現的念頭，但實際上這一直是我想要做的事情。
>
> 就業競爭非常激烈，我知道我擅長什麼、哪個部分比別人優秀，但很難清楚解釋為什麼人家應該要雇用我；專注對我而言是一大挑戰，我能做的事情很多，但不清楚自己想要的是什麼。
>
> 競爭激烈、缺少人脈、家庭狀況……這一切都讓我難以專注、找不到自己的定位。缺少了專注，你就無法超越競爭者。公司都想要經驗豐富的人才，因此你需要更努力，不能夠只是表達你適合這份工作──你需要脫穎而出！
>
> 在擔任區域就業中心（RAV）客戶的期間，我得以利用個人敏捷系統（PAS）找到目標並整頓好自己，進而增加求職效率。」

Sara 接受了 PAS 的訓練並立即開始應用。該計畫包括四週的跟進教練，幫助她有效地應用個人敏捷性並從中獲得價值。

「使用 PAS 不僅僅在求職方面有幫助，它讓我做出重大的決定，改變了生活現況。我處理掉很多問題，這改變了我努力的方式，清楚看到自己想要的目標並實現它們；我總算可以專注在自己的能力與價值上，找到了人生方向。

我的人生更加清晰有序，我也找到了活力和專注力。一切都回歸到真正重要的事，這也是我找工作開始進展順利的時候！

對我來說，真正重要的是我的生活，其次是有時間和空間做我在乎的事情。我需要時間陪伴孩子、做我的工作，並確保所有生活中的重點都沒有被忽略。

改善自我是非常重要的。我學習了 Scrum 和敏捷領導相關知識，完成了我的論文，即便研究所的學業並沒有如預期般幫助我找到工作。我很樂於接受教練指導，但我接受的部分教練指導（其他來源）並沒有任何幫助，甚至有反效果。我需要先改善自己，再修改我的履歷。

我的敏捷與 Scrum 培訓對於完善我的個人介紹大有幫助，讓我進入一家有相同價值觀和實踐方法的公司。我不但可以談論敏捷性，還能實際應用它，這實在是一個巨大的優勢。

我認為個人敏捷性要傳達的最重要訊息就是，善待自己。我的人生大部分時間都在為別人而活。專注於對我來說重要的事情，給了我新的觀點和新的能量，使我成為一個更有吸引力的求職者。

在找到工作之前，我有了清晰明確的方向。是的，我找到了一份好工作，但更重要的是，我找到了目標，明白自己想做什麼並且專注於其上。

多虧我在 PAS 培訓中學到的技能，得以重拾自信，在未來的僱主面前留下了深刻的印象，在一個具有前瞻思維的環境中找到工作。我不需要再接受失業救濟，這份工作超出期望的好！我的個人敏捷性培訓幫助我迅速重返職場！

身為人力資源部門的主管，我見過很多求職者和許多的績效審核。太多人面臨著拖延、時間管理或是需要提升生產力的挑戰，若能控制住這些挑戰，將使你獲得巨大的優勢。根據『真正重要的事』來決定你的行動優先順序。善用常識，整理生活中的亂源，就是你實現目標的方法！」

個人敏捷性的潛力 II

在瑞士，每個月有二到三萬人失業。根據官方統計，如果你超過 50 歲，且半年內找不到工作的話，你很可能再也找不到工作了。當你失去失業補助，你會選擇自行創業或者靠著儲蓄度日。

根據我們的估計，每一位瑞士的失業者平均對失業服務機構造成五萬瑞士法郎（55,000 美元）的負擔。在一個僅 800 萬人口的國家，失業問題造成了每月數十億美元的損失。

經過兩年的失業，Sara 靠著個人敏捷性重新振作，找到了新的就業機會。PAS 為她提供深入了解敏捷的機會，這項技能是市場所需要的，而利害關係人管理技能讓她能夠與未來的雇主建立關係，說服他們她是這份工作的絕佳人選。

要是每個人都能掌握這些技能呢？

如果你和 Sara 一樣，正掙扎著找尋新的工作，你可以使用個人敏捷性工具來……

▶ 掌握你的人生，改進你的心態，使你更吸引僱主。

　[第 3 章 發揮最大的影響力]

▶ 自學敏捷性。這是許多組織中的熱門技能，對真正理解它的人而言尤其如此。

　[第 4 章 最快的路徑]

▶ 學會提出有力的問題，在面試和談判中獲得更好的結果。

　[第 5 章 商業教練]

▶ 學習新的技能和技巧，你就能擁有最新的技能組合與相關經驗。

　[第 3 章 發揮最大的影響力]

III. 透過 PAS，從軍旅生涯轉換到平民生活

軍人不僅僅是一份工作，它是一種生活方式，一種高風險的職業，一種獨特的文化。軍人時刻面臨可能戰鬥的情況，因而使軍隊專注於領導力、責任、信任和團隊合作——這些技能在平民社會中也具有重要價值。

軍人的風險和挑戰可能相當大；面對有害化學物質或暴力襲擊、在戰鬥中支援同袍，都可能對個人造成嚴重損傷。因此，軍隊有一套經過深思熟慮的領導方式：職責、主動性和責任感的結合。

目前有 140 萬人在美國軍隊的分支部隊服務。此外，每年大約有 20 萬人入伍服役。大多數人會在高中畢業後從軍，約有四分之一是大學畢業生。新兵首先要去新兵訓練營，然後再進行專業訓練。思想教化會建立起強烈的認同感與歸屬感。

經過訓練後，他們正式開始服役，在世界各地進行軍事活動，這些活動中許多都具有高危險性，可能會造成永久性傷害或死亡。士兵們必須迅速擔負起領導責任，一個擁有四年資歷的年輕軍官要在戰場上領導隊伍的情況也並不罕見。他們彼此間有著深厚的信任和尊重，軍人的使命感、目的性和同袍革命情感，能讓他們在艱難的條件下反而更有鬥志、甚至生存下來。

當他們離開軍隊時，一切都變了，再也不需要從飛機上跳下來，或是帶領部隊進入戰鬥狀態。就像前面提到的失業案例，每一位退伍軍人都必須找到新的人生目標和意義。由於軍事服務的極端性質，這個挑戰甚至更加艱鉅。

Pete Blum 的故事

Pete Blum 是一位美國退伍軍人，一名企業家，也是資訊科技、營運、行銷、專案管理及業務持續營運（Business Continuity）與災難復原（Disaster Recovery）領域的專家。他曾經是一名訓練員、導師及教練，指導全國平民與軍人關於科技、社群媒體與創業等知識。他的熱情、使命和專注力，是幫助他人在商業上以及個人生活中成長。

Peter 在美國軍隊服役 11 年，主要負責後勤、作戰和資訊科技（IT）領域。榮譽退伍後，他轉成一般老百姓，希望繼續從事他熱愛的 IT 工作。退伍第一年，他換了七個工作，很幸運地終於找到了與他技能相符的工作，但由於持續外包、轉型到雲端再加上 IT 產業的變革，那份工作也沒了，於是他又再一次面臨轉換工作。

「軍旅生活所帶來的影響是，即使你已經變成一般人，這些影響仍會跟著你，也就是犧牲和服務的特質。不管是現職軍人還是創業家，你永遠都是帶著任務、時間表或是一個必須優先完成的目標。誰有空考慮睡覺、吃飯、家庭啊！

我的期望是尋找到一份好工作，打破現在這個彷彿還在軍隊、需要不停轉換工作的循環，或是自行創業來實現我的熱情。我希望在幫助他人的同時，也能給家人穩定的生活，有時間與他們好好相處；過去服役和出征的日子讓我錯過了這些事，我不想再錯過這些人生了。」

Peter 利用個人敏捷性，退一步全面看待自己的人生。他意識到自己花費太多時間為各種機構做義工，而沒有足夠的時間陪伴家人或從事有薪工作。調整了優先順序後，他找到了一份有成長潛力的新工作，將健康列為優先考量，開始運動並注重健康飲食，這使他體重減輕了 20 磅（9 公斤）。

「擁抱 PAS，我找到了自由，讓我可以有更多時間與家人共處，並專注於那些寶貴的時刻。

我成為一名創業家，有能力實現幫助他人的夢想。我現在可以努力工作、創造、塑造並指導別人如何找到自己的安穩與成功，不論是個人還是專業方面。成為一名創業家也讓我有能力達到財務自由。

感謝 PAS，如今我可以分享我所學，幫助正在轉型的軍人和退伍軍人找到我已經實現的個人自由。

我希望幫助未來的退伍軍人，能更輕易地進行轉型。我發現自己面臨不斷的工作轉換、志工服務，工作與生活之間缺乏良好平衡。最重要的是，缺

乏專注力和過度分散自我，對我的家庭、共處的時光以及財務狀況都產生了重大影響。

許多退伍軍人在新的職業或產業中重新開始，從『人生如海洋』的比喻、找到人生道路到 PAS 提供的所有其他工具，我的親身經驗告訴我，他們的生活、家庭和財富也可以擁有一樣的正面結局。」

個人敏捷性的潛力 III

軍人是一個極其嚴苛的職業，但彼此之間的相互支持使每個人都變得堅強。當軍人離開這樣的環境時，會發生什麼事情呢？

「離開軍隊就像失去了自我。不是大起就是大落。」
—— Daryl Hill，馬里蘭州安那波利斯

海軍陸戰隊步兵士官 Daryl Hill 分享了他的看法。「離開海軍陸戰隊以後，你還是海軍陸戰隊員，但你的環境已經改變，你不再生活在那種高風險的狀態，再也沒有同事會為你擋子彈或為你犧牲。你進入了平民生活，能找到一個準時上班的人都已經算是幸運了。」

「突然間，你的軍事家庭消失了，不論你服役四年還是二十年，都沒有太大的差別。在軍中經歷過的高風險，使你和家人已經不再那麼親近，但你跟你的戰鬥夥伴關係緊密，不過現在他們都不在身邊了。失去了任務和目標的你感到迷茫。曾經你是一個領導者，要為數百萬美元的裝備和數百人的生命負責任，而現在連在五金行找份工作都很難，你不禁開始擔憂：我的人生該怎麼辦？」

每年有二十萬人離開美國軍隊,而這些人多半都面臨了人生轉型問題。實際上,光是 2019 年,美國就有 6,261 名退役軍人自殺[4],而退役軍人的自殺風險比未服役的同齡人口高出 50%。自 2001 年以來,已有超過 114,000 名退役軍人自殺身亡,而 2006 年以來,18 至 34 歲的男性退役軍人自殺率增加了 86%[5]。

沒有單一原因可以解釋退役軍人的高自殺率,但其中一個主要因素很可能是許多退役軍人都罹患創傷後壓力症候群(Post-Traumatic Stress Disorder,簡稱 PTSD)。結束軍旅生涯後,PTSD 仍舊存在,他們需要有目標或期待的事情來填補生活中的空虛感。雖然許多退役軍人被貼上受傷戰士的標籤,然而我們卻很難看到內心深處那些無形的傷痛。

在軍人圈子以外,也有許多人在沒有高度支援的環境中掙扎,包括各行各業的專業人士、前運動員,甚至是退休人士,他們不再擁有組織所帶來的身分與支持。

如果大多數人能像 Pete Blum 一樣,透過個人敏捷性找到生活的目的,同時與他們的家人、社群彼此緊密相繫,事情會不會變得不一樣?影響並不是用金錢來衡量的,而是以滿意的人生來衡量的。

如果你對 Pete 的故事有感,並且在人生過渡期中或之後發現自己正在苦苦掙扎,你可以使用個人敏捷性的工具來……

▶ 往後退一步,以便看清楚自己的處境。

[第 3 章 發揮最大的影響力]

▶ 掌控自己的生活。

[第 3 章 發揮最大的影響力]

▶ 優先考量健康和家庭,有助於你的心理健康。

[第 3 章 發揮最大的影響力]

---

[4] 原註:參考連結 https://blogs.va.gov/VAntage/94358/2021-national-veteran-suicide-prevention-annual-report-shows-decrease-in-veteran-suicides/。

[5] 原註:參考連結 https://stopsoldiersuicide.org/vet-stats。

▶ 擁抱自己能達成目標的心態轉變

[第 3 章 發揮最大的影響力]

▶ 做出幫助自我成長的決定

[第 4 章 最快的路徑 / 第六章 與人協調的藝術]

IV. 總結

這三個案例研究（以及數以百計反映出 PAS 持續發展的其他案例研究）所浮現的
模式，反映了現代社會帶來的重大挑戰；同樣重要的是，它們彰顯出個人敏捷性
如何幫助許多人克服這些挑戰。要是我們可以更系統化地解決這些挑戰呢？如果
我們可以幫助那些正努力維生、失業、再度融入一般社會的人，讓他們更快成功
呢？

個人敏捷性有潛力實現以上目標，甚至還可以做更多。

隨手記

根據「真正重要的事情」來決定你的行動
優先順序。

發揮最大的影響力

在這一章,你將學習到 PAS 如何幫助你更有效運用時間、能力和情感能力(**Emotional Capacity**),以發揮最大的影響力在你的職業、商業目標、家庭生活等各方面。

你將開始深入了解如何成功克服生活中各種小障礙,然後學習如何切割干擾,並且確定人生中想做或是需要做的最重要事情。

為了實現這個目標,你需要深入探討構成個人敏捷性核心的六個問題。這些問題與 PAS 的關鍵工具有關,你可以利用這些工具來繪製你在生活和職涯中現階段的位置、未來想要達到什麼程度以及如何達成。

最後,你將學到 PAS「優先事項地圖」,了解它如何幫助你在家庭上、商業上或專業團隊組織任務,以及首先需要採取什麼步驟才能學以致用、化為行動。

> **"**
> 「唯一限制你影響力的，
> 是你的想像力和承諾。」
> —— Tony Robbins（作家，演說家）
> **"**

I. 個案研究：消除混亂

Katrina Snow 長期處於過度疲勞狀態。她是一名母親，也是一名專案經理，試圖在事業與家庭間找到平衡點；她雖然擁有一切，可是已經快要崩潰。「我一直相信這就是我。A 型人格、積極進取、專業而且無所不能，無時無刻都為所有人提供依靠，從不拒絕別人——還覺得精疲力盡和幾近崩潰是很正常。」

在女兒出生之後，Katrina 失去了工作，而她的丈夫也遭受背部受傷；在這段期間，她做了很多低微的工作——其中有些工作薪水比較好，有些卻非常微薄。她努力平衡工作、客戶與家庭之間的需求。「我活在一片混亂之中，感到筋疲力盡，需要好好休息。」

> 「我同時做好幾份工作，卻發現很難劃清它們之間的界線，因此我意識到必須停止跟有害的客戶工作，重新設定事情的優先順序，找到可以讓我喘息的空間。我不想繼續沮喪下去、充滿罪惡感、忽視朋友和家人。當我聽說了 PAS，彷彿看到了一條出路。」

Katrina 從 PAS 的基本問題——真正重要的事——開始著手，意識到自己希望跳脫生存模式、進入成功模式。她想劃清界限，以一種不具破壞性的方式對自己負責。

「PAS 讓我清楚看到前方的事情。能夠看到一天、一週或一個月能夠完成的事情，大大改變了我的生活狀態。它讓我能即時看到生活與工作之間是否平衡，使混亂的事物變得清楚明瞭，讓事情變得更容易理解和溝通。我總算明白我的行動是如何造成蠟燭兩頭燒的困境，因此我重新安排了事情的優先順序，找到我認為可能導致過勞的原因並避開這些事情。我放掉那些沒有善待我、沒付我錢的客戶，騰出時間為更好的客戶、更好的待遇來做事。」

我們大多數人就像 Katrina，待辦事項永無止盡，造成了壓力山大的感覺。鑑於有這麼多事情要做，確定優先順序就顯得格外重要了。有些事情是重要的，有些則不是；請確保最重要的任務就是那些你要先去做的事情。

事實是，有些事情根本就無法完成。如果你無法完成所有的事情，那麼應該把什麼事情延後呢？那些最不重要的事情，或是會帶來最少痛苦、後悔或成本的事情。先努力做最重要的事情，遺漏的就沒有那麼重要了。

個人敏捷性提供一個簡單的方法，讓你了解對你而言真正重要的事情，而這種清晰度使你能夠優先選擇最重要的事情。如果你沒有時間做所有事情，可以延後或跳過影響最小的任務。本章解釋了如何應用 PAS 來更有效地運用你的時間。

透過清楚理解真正重要的事並相應地調整行動，Katrina 不僅能夠掌控生活中的混亂，而且也能夠成為她想成為的人；你也可以做到的。

036

II. 做好正確事情的挑戰

> 「時間是你最有值價的貨幣。」
> —— Senela Jayasuriya，阿拉伯聯合大公國，杜拜

生活中有許多事情似乎都在設法阻礙我們，能夠完成任何事情實在是奇蹟！從家庭、同事、朋友、孩子、手機、會議到工作中最新的計畫改變等種種需求，在在讓我們很難長時間集中精神去完成一件事。

有很多原因可以解釋為何難以完成事情。時間有限，而要做的事情實在太多。有如此多的事情要爭先恐後等著我們去進行，光是追蹤所有事情甚至只是決定下一步要做什麼都成了一大挑戰，加上分心和干擾讓我們難以堅持到底，更別說人也會感到疲憊、還要面對看得到和看不到的恐懼。人，畢竟不是機器。

產生影響力與你的工作成果息息相關，不是你的工作量。個人敏捷性讓你變得有條有理，確定正確的行動步驟，移除任何會阻礙你進步的事物。

完成正確事情的步驟包括：

1. 設定優先順序——決定哪一項工作要先做
2. 提問——確保你設定的優先順序是正確的
3. 執行實際的工作

執行工作包括實際的行動以及追蹤需要完成的事項。

提問的目的是為了獲得清晰的理解，因為有些事情比其他事情更重要，而有些事情根本就無關緊要。你是否按照優先順序進行工作？如果你不知道什麼是重要的，或者你的優先順序不斷改變，那麼你會無法持續地做好重要的事情。

你可能會發現自己累了或分心，或者察覺到自己在拖延時間。當你發現自己偏離了正軌，意識到這一點可以讓你做出正確的行動——不管是休息、採取行動或處理造成拖延的原因。你可以採取行動來回歸正軌！

產生影響力不僅僅是達成你所設定的目標。產生影響力意味著在你的行為與你關心的人之間建立一致性。

Piyali Karmakar，一位來自印度班加羅爾的敏捷教練和 Scrum 導師。個人敏捷性幫助她克服拖延問題，讓她開始用更快更有效率的方法完成事情。

> 「個人敏捷性教會了我更妥善安排事情的優先順序。過去我常常同時處理很多事情，很多事起了個頭、最後卻都只完成一半。但現在，我可以選擇對我來說最重要的事情，然後一項接一項地完成它們；我更懂得如何安排事情的先後順序。」

將事情往後延——可能會發生也可能不會發生——是許多人都很熟悉的情境。個人敏捷性可以把你從分心的事物中拉回來，並提供視覺化和設定優先順序的工具來認識你的拖延行為，看得到進度有助於辨識出某件事在什麼點還沒完成，讓你看到造成延遲的真正原因。

III. 現在應該做什麼？

> 「任何大於一的列表必須優先處理。」
> —— Rodrigo Toledo

當人們開始使用個人敏捷性時，通常都希望有所改變。或許他們有一個目標想要達成，又或許他們希望改變自己的某部分或改變處境。Katrina 希望設定界線，讓自己減輕壓力，並消除生活中對她有害的影響。其他人都對自己的處境或自我感到滿意，但需要保持現狀或加深對自己的了解。

你知道什麼是真正重要的事嗎？這可以是一個非常有力的問題。有些人發現這種問題很難回答。不過，一旦你知道什麼是重要的，你就可以用提問來指導你做出如何利用時間的決定。

有幾種方法可以找出真正重要的事。第一次嘗試不一定就會得到正確的答案，然而當你對於你是誰、你在哪裡、你想成為誰、你想去哪裡等問題有更深的理解時，為你指引出真正重要事情的「導航星星」將會變得更清晰。

以下是一些已經證明有效的方法。可以向自己提出下列問題：

- ▶ 你的首要目標是什麼？你希望實現什麼？

- ▶ 你想成為誰？你希望保持哪種特質？

- ▶ 你都把時間花在哪些事情上？既然時間是你最有價值的貨幣，如何利用時間可以反映出你當時認為最重要的事情。

- ▶ 你想如何花費你的時間？不論此決定是出於選擇還是義務，你對於未來的展望都會提供你另一個看待真正重要事情的觀點。

對你周遭的人來說，什麼是重要的？在你的私人生活中，可能是你的家人和朋友；在商業上，這些人稱為利害關係人（Stakeholder）。理解他們的需求和目標，對於家庭的和諧與幸福以及工作上的成功是至關重要的。

有時候，你會突然被這種感覺打中。真是意外的偶然啊！突然間，你清晰地意識到原本以為重要的事情其實並不重要，反而是另一件完全不同的事情才真正重要。

行動勝於言辭。時間只能消磨一次，如何利用它是一個重要的指標，顯示出什麼是對你真正重要的事。

文字很重要。你可以用不同的詞語描述你未來的意圖，例如「你想要如何、你計畫如何，或你必須如何」使用你的時間。你用哪個詞來描述未來：是「想要」、「計畫」還是「必須」？你選擇的詞語反映了你的心態。你的思想會影響你的言論，進而影響你的行動，最終影響你所建立的生活樣貌。

思考你如何優先安排你能做的事情，並且找出一些模式。有哪些重複出現的主題？當你認識到重複出現的主題時，可以問自己這些事是否與你想做的事情一致。

有時候，你會發現你原以為重要的事情忽略了某些重點，反倒使你錯過一些關鍵事物。這種認識使你能夠透過選擇以不同的方式花費你的時間，去追求更重要的新目標來改變你的人生方向。

有時候，你會發現自己花費時間在無關緊要的事情上。它們真的無關緊要嗎？你必須自己決定。有時候，你會發現某件重要的事不在你的關注中；有時候，你花時間做的事情確實重要，只是你還未察覺到。清楚表明你的優先事項和行動，可以找出你真正想做的事情，並在選擇時有更明確的意圖和目標。

每次你做更多重要的事、然後從清單上把它們劃掉，就好像在最喜歡的遊戲中得分一樣。感覺很有成就感、感覺到充滿力量，而且，生活突然變得更加充實。

IV. 使用六個個人敏捷性問題

在第一章中，我們介紹了 PAS 核心的六個強大問題。你如何根據「真正重要的事」利用這些問題組織你的生活呢？

讓我們回顧一下這些問題：

1. 真正重要的是什麼？
2. 你上週完成了什麼工作？
3. 你這週可以做什麼？
4. 在所有的事情中，什麼是重要的、什麼是緊急的、哪些可以使你感到快樂？
5. 在這些事情中，你希望在本週完成哪些？
6. 有誰可以幫忙？

請定期向自己提出以下問題來理解你的狀況、了解你的立場並選擇你的前進路徑。我們建議每週進行一次。

個人敏捷性提供一些簡單的工具，幫助你理解並處理這些問題的答案。最重要的是 PAS「優先事項地圖」，你可以用它來慶祝你的成就，並選擇你下一步想要（或需要！）做的事情。本章稍後將討論如何展現這張地圖——例如使用白板或卡片。將你的優先順序畫出來，可以讓你輕鬆選擇下一步要做什麼，或是在你分心時幫助你重新回到那個目標上。

PAS 的第二個工具——「力量地圖」（Forces Map）——讓你能夠追蹤每一件你可能會做的重要事情。第三，「麵包屑足跡」使你看到已經完成了什麼。從哪裡來可以決定喜不喜歡你要去的地方。最後，當你後退一步綜覽全局，「一致性指南針」（Alignment Compass）可以幫助你查看你是否待在這條路徑上並與真正重要的事保持一致。這些工具將會在本章後面詳細解釋。

所有這些工具會定期使用。舉例來說，每週（大約）一次看一遍六個問題，並將答案視覺化呈現在你的「優先事項地圖」上；我們把這個活動稱為「慶祝與選擇」（Celebrate and Choose），因為這就是你要做的：「慶祝」你已經完成的事情，然後「選擇」你接下來想要完成的目標。你所完成的事可能與原先想做的事不同，因為生活中的變化讓你做出相應的改變。所以，無論你完成了什麼，都把它寫下來並慶祝你完成了！個人敏捷性幫助你慶祝並選擇你的人生。

這六個問題代表著開始與自己進行有意義的對話，它們也代表著開始與他人進行有意義的對話。當然，你可以在一週當中提出其他問題。

定期提出和回答這六個問題能夠讓你：

▶ 專注於做重要的事情

▶ 知道你何時朝著正確的方向前進、何時沒有

▶ 當事情沒有按計畫進行時，調整自己的路線

▶ 如果遇到困難，尋求你所需要的幫助

隨著時間進展，回答這六個問題會變成一種無意識的能力；這意味著，你甚至不需要提醒自己去提問和回答，它就像呼吸空氣一樣自然。

這就是你的人生，你所設定的優先順序就是你的優先順序。

V. 個人敏捷系統的核心工具

> 「你控制工具，不是工具控制你。」
> —— Richard Cheng, 華盛頓特區

記得前面說過的，人生就像海洋嗎？ PAS 工具就是幫助你在這片海洋中航行的工具。「PAS 優先事項地圖」、「PAS 力量地圖」、「PAS 麵包屑足跡」及「PAS 一致性指南針」都是沿用這個比喻之下所產生的輔助工具。

每週使用 PAS 優先事項地圖設定你的航線。

PAS 力量地圖可以協助長期規劃，讓你保持專注，並堅持你的最終目標，儘管風浪不斷推擠著你的船。透過平衡各種力量，你可以讓你的船（也就是你的生活）保持正確的航向。

PAS 麵包屑足跡向你展示到目前為止你所做過的事情。

PAS 一致性指南針就像查看 GPS 來確認你是否正朝著目的地前進。

讓我們更詳細地研究這些核心工具各項功能[6]。

PAS 優先事項地圖

優先事項地圖是一種指南，能導引你朝人生中真正想要的東西前進。你可以使用它來計畫你的活動，並在日常生活中完成各種任務。

---

[6] 原註：PAS 提供額外的工具，特別是 PAS 畫布，它能幫助你了解自己與周遭人的關係並為你指引正確的方向。詳細說明請見本書第二部分。

優先事項地圖包含六個欄目：

▶ **真正重要的事**——提醒你前三、四個優先事項

▶ **可能性**——關於「我可以做什麼？」問題的答案

▶ **緊急**——必須儘快完成的事項，否則可能會發生不好的後果

▶ **本週**——你真正想要或需要完成的可能性子集

▶ **今天**——你今天想要專注的事項

▶ **已完成**——自你上次「慶祝與選擇」以來已完成的事項（但尚未慶祝）

參見圖 1，摘自 Maria 的優先事項地圖部分內容。

✪ 圖 1 這是 Maria 的「優先事項地圖」[7] 的部分內容。

優先事項地圖幫助你回答個人敏捷性的六個問題，並選擇你的行動方向，讓你變成你想成為的人。我們建議你每週至少反思這些問題一次，並且在每次完成某項工作時更新你的優先事項地圖。一旦你設定了優先處理順序，你的優先事項地圖會讓你輕易地決定下一步該做什麼，或者如果被打斷了，可以回到你想要做的事情上。

---

[7] 原註：高解析圖檔連結 https://personalagilityinstitute.org/book/graphics。

當你建立優先事項地圖時,請為最重要的三到四件事情做上顏色標記。當你計畫你的一週時,顏色標記可以讓你清楚看到自己正在做的事情,哪些部分可能花了更多時間、哪些部分可能被你忽略了。視覺化很強大,因為它可以幫助你清楚了解目標和優先事項,進而做出明智的決策,確保時間花在最適當的地方。

優先事項地圖就像你的好朋友,你永遠可以問他「現在發生了什麼事」,這位朋友從不評判你,永遠支持你。如果你忽略它一兩天甚至幾個星期,也不會是世界末日;你們將會再次見面,這位朋友永遠都將會很高興見到你。

PAS 力量地圖

如果你的「可能性」欄位過長而難以管理,「力量地圖」將幫助你組織所有待辦活動。「真正重要的事」欄位中的每個事項都對應到「力量地圖」上的一欄;當然,可能還有其他針對特定目標或專案的欄位。然後,你可以在每一欄內獨立設定任務的優先順序,並在選擇哪些事項進入「本週」欄位時平衡各種力量;參見圖 2 的範例。

✪ 圖 2 節錄自 Maria 的「力量地圖」。

PAS 麵包屑足跡

「麵包屑足跡」幫助你了解你過去的成就、你是誰,以及你將成為什麼樣的人,透過記錄何時完成了什麼事以及這些事與真正重要的事之間的關係來理解。

我們建議,與其只用一個「完成」欄位來記錄完成的任務,不如將完成事項按照週或月來分組。這能幫助你看到自己過去的成就,理解自己來自何處,並對可能前進方向給出線索。受到童話故事《糖果屋》(Hansel and Gretel)的主角沿途做記號逃離森林啟發,因此我們將這條路徑稱為「麵包屑足跡」。

「麵包屑足跡」中的欄位數量跟你進行「慶祝與選擇」活動的節奏相呼應。假設你每週都這麼做,你可能會發現在「麵包屑足跡」每個月的每一週都有一個欄位是很自然的事。

當你進行「慶祝與選擇」時,回顧你所完成的事情,特別是那些給你能量或推動你前進的事,然後把卡片從「優先事項地圖」上的「完成」欄,轉移到「麵包屑足跡」的相對應欄位。這是你成功的時刻!然後,選擇下週想要做的事。

嘗試為每一件消耗掉你時間的事情建立卡片。你可以將未計畫但已完成的任務直接添加到「完成」欄中,不管你是否對這些事感到自豪(例如「跑步」或「上網兩小時」)。

若你列出的任務與「真正重要的事」不符,這可以幫助你辨識哪些因素正在拖慢你的步伐或導致你走偏方向,也可能發現一些先前並沒有抓到的重點事項。

「可見性」(Visibility)是協助你看到並反思自己行動以及任何可能模式的關鍵;參見圖 3 的範例。

☆ 圖 3 摘錄自 Maria 的「麵包屑足跡」，2021 年 1 月 /2 月。

PAS 一致性指南針

雖然「麵包屑足跡」幫你視覺化每週所做事項與所關心事項之間的關係，然而 PAS「一致性指南針」允許你在更長的時間內衡量你的行動是否與「真正重要的事」保持一致。

透過視覺化生活中的各種力量，可以評估它們之間的平衡。你是否正朝著你想去的地方前進呢？「一致性指南針」可以幫助你回答這個問題。

要使用「一致性指南針」，只需根據「真正重要的事」的分類／顏色標記，將每週「完成」欄中的卡片進行分組然後進行計算。

在圖 4 中，Maria 每週計算卡片數，而圖 5 則總結了她在各類別花費的時間總比。她生活中的力量是否平衡？

	2/7/21	1/31/21	1/24/21	1/17/21	1/10/21	1/3/21	Total	%
健康	6	4	4	3	4	4	25	38%
DJ 活動	2	4	3	2	3	8	22	33%
事業	3	1	4	2	4	5	19	29%
	11	9	11	7	11	17	66	100%

☆ 圖 4 Maria 的「麵包屑足跡」摘要。

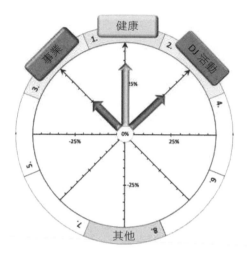

✪ 圖 5「一致性指南針」顯示你的行為是否與優先順序保持一致。

「一致性指南針」建立了一個清晰的視覺圖，顯示出優先順序中每一個事項所獲得的關注。在某種程度上，它展示出你在每一個事項上花費多少時間，但這只是一種近似值，因為在個人敏捷性管理中，你管理的是任務和優先順序，而不是時間。參見圖 6 的範例。

✪ 圖 6 來自 Maria 的「麵包屑足蹤」總計。

我們建議你依據預期分配給每個優先事項的時間和注意力，來對「真正重要的事」欄位進行排序；這意味著，排名第一的事項獲得最多的關注。

透過這種方式對每個優先事項進行排名，如果你的行動與你的優先事項保持一致，那麼基本上一致性指針會指向上方。

VI. 如何使用 PAS 優先事項地圖

為了一個有意義的目的去為他人做一件事。

人類非常擅長處理視覺資訊。將抽象事物變成可見，就等於將它轉化為有形而具體的東西；而當它變得具體，就更容易進行管理。這個過程稱為視覺化，而這些視覺化工具則稱為「資訊散熱器」（Information Radiator），因為它們就像暖氣散熱器一樣，會真的將資訊散播出去，讓這些資訊能夠容易理解也容易處理。有些人會把待辦事項寫在便利貼，並貼在牆上、按照欄列的秩序排好；你瞧！這不就有了一個資訊散熱器。

PAS「優先事項地圖」和「麵包屑足跡」就是資訊散熱器。

第一欄是「真正重要的事」欄位。這一欄中的卡片或便利貼不代表個別的任務，而是作為「導航星星」──一種永久的視覺提醒，提醒你所關心的事和你想要花時間去做的事。「真正重要的事」欄位是在提醒你你想要做什麼。

我們建議，為真正重要的三或四個事項分別製作一張卡片；此外，在使用 PAS 時為你的目標或目的製作另一張卡片。這些卡片會幫助你保持在正確的航道上。

剩餘的欄用於追蹤你可以做、需要做的任務以及一週計畫。「麵包屑足跡」中每週的「完成」欄位顯示出你已完成的任務。每一張卡片列出一項任務，並且標上顏色，以便可以輕鬆對應到三、四件「真正重要的事」類別。

在每週開始時，你可以運用「個人敏捷性」的六個問題，並使用「優先事項地圖」來視覺化你的答案：

1. 真正重要的是什麼？

這個問題提供了決定該做什麼的指引；理想情況下，你選擇去做的事情應該是有某些重要的目的。在「優先事項地圖」中的第一欄提醒你什麼是重要的，所以你對於該做什麼會做出更好的決定。你也可以使用這個欄位跟他人討論真正重要的事，尤其是在你的優先順序出現變化的時候。

第一次進行時，可能還無法清楚理解什麼是重要的。如果這個問題很難，那就先略過，等你回答了第二、三、四個問題之後再回過頭來作答。然後你可以設法在如何分配時間以及重視的事物上找出一些模式來。進行了幾次「慶祝與選擇」後，真正重要的事會變得更加清晰。

當你一開始思考「真正重要的事」，我們建議你思考有關於你希望在現有處境中做出什麼改變以及為什麼。為什麼現在是你希望更專注於真正的渴望和目標的時候？

2. 你在上週完成了什麼？

在每週的一開始，慶祝你上一週已完成的事情。

在這一週內，將已經完成的事項移到「完成」欄位去；在本週結束時，為你完成的所有事情慶祝一下！然後將對應的卡片移到「麵包屑足徑」去。你所做的事可以從實際的觀點提供你洞悉關於「真正重要的事」。

如果你上週的行動與真正重要的事不相符，請調整下週的計畫，以重新回到正軌！

3. 你能做什麼？

當你收集要做的事情時，將它們放入「可能性」欄位中，接著在開始新的一週時，反思自己可以做什麼。

首先，只需寫下待辦事項清單；目前這些項目並不需要按任何順序排列。這就是最有趣的部分了：你可以對所有可能考慮要做的事情進行猜測（一旦開始了，無論何時你想增加一個新想法，只需要將它加到「可能性」一欄）。這一點，只是在進行腦力激盪。

4. 什麼是重要的？什麼是緊急的？什麼會讓你感到快樂？

首先反思一下，為何某些事情需要比其他事情先完成，然後按照你希望完成的順序對「可能性」欄位中的項目進行排序。你希望先完成哪些事情，接著是什麼，在那之後又要完成什麼？

如果某件事能幫助你達成重要的事情，那麼它就很重要。把某件事放入「可能性」欄位並不代表必須去做。因為你的時間有限，所以先把最重要的事放在前頭。個人敏捷性的目標是幫助你花更多時間在重要的事情上，而非浪費在不重要的事物上。

如果需要盡快完成某件事，就表示它很急迫。通常，緊急的事情會有一個截止日期，若是未能及時完成可能會產生負面的影響；而重要的事情若長時間忽略，也可能會變得很緊急，通常最好是在事情變得急迫之前就完成它！不過，即使有急迫的事情出現，也未必代表它很重要，你仍然可以決定要做或不做。

只因為能讓你感到快樂而去做某些事是可以的。事實上，如果你不是在為自己做事，那麼誰會為你做呢？如果你經常把他人的需求擺在自己之前，恐怕會過勞或者遇到其他危機。

大多數人都有太多的事情要做，因而選擇如何投入時間就意味著記錄你可以做的事，反思什麼是重要的，然後再決定哪些事情重要到非做不可。「優先事項地

圖」可以幫助你在決定該做什麼之前把所有事情視覺化。請利用「可能性」一欄來追蹤你可以做的事。

5. 你在這週想要達成什麼目標？

選擇你本週真正想要完成或需要完成的事項，並把它們放入「本週」欄位。按照你想要完成的順序進行排序，把第一件事放在「今天」欄位中。

緊急的事情往往使我們忽視了重要的事物，因此，為了達成你的大目標，務必確保你在處理日常生活中的緊急事項時，也會花時間在重要的事情上。在所有重要且緊急的事情當中，你希望專注於哪方面？這個「選擇」將會決定你人生的方向。

當你有很多事情要做時，即使是決定要做什麼也可能會讓你感到壓力過大，或者變成了拖延的源頭。將卡片按照你想要完成的順序排列好。通常，順序會與它們的重要性相匹配，儘管可能有一些例外。

當你想要完成某件事時，請專注於最優先的卡片；它會屬於「今日」欄的卡片。如果你注意力被分散或被打斷了，則回到該卡片上。當你完成它後，將它移到「完成」欄，然後將「本週」中的下一張卡片移到「今日」，並開始進行處理。

6. 誰能提供協助？

這個問題和答案都可以幫助你擺脫困境。如果你注意到你的「優先事項地圖」上有某件事情沒有移動，你會想知道原因。尋求幫助是沒有問題的，例如，你可能會邀請朋友和你一起去健身房，或在健身房裡找一個也希望定時鍛練身體的同好。

「慶祝與選擇」活動以及「優先事項地圖」可以幫你為可能做的事情進行分類，讓你能夠辨識並選擇花更多時間在你關心的事情上、減少時間在你不關心的事情上。每一週，你都會更接近完成目標、成為你想要成為的人。

VII. 如何使用 PAS 力量地圖

「力量地圖」在你的「可能性」欄位中包含了太多東西，以至於你無法全部追蹤時，可以使用「力量地圖」根據「真正重要的事」來追蹤「可能性」。

舉例來說，如果「健康與健身」是「真正重要的事」當中一個元素，那麼它就會在「力量地圖」中獲得一個欄位。假設你有一個目標是減掉 10 磅（5 公斤）的體重，為它製作一張卡片，並放在「健康與健身」欄位的最上方當作一個友善的提醒，提醒你想要達成的目標是什麼。

有些任務可能只需要做一次，像是「了解健康食品」、「規劃我的瘦身方案」或「安排一次健康檢查」。當你準備好去做這些事情時，將它們移到「本週」欄位中。

其他任務可能會反覆執行，例如「每週跑步三次」；你可以使用「力量地圖」來儲存每週的範本，上面有用來記錄是否完成跑步三次的勾選框。在每週的「慶祝與選擇」活動中，將卡片複製到「本週」欄位，然後每次跑步時都勾選一個框。

有些事情並不算是真正要做的任務，而是做什麼事情的影響，像是「避開碳水化合物」或「10 點前上床睡覺」之類的事；你一樣會吃東西、一樣每天晚上要睡覺，只是希望以不同的方法去做。對於這些事項，「資訊散熱器」會幫得上忙。將它們寫在便利貼上，然後貼在合適的時間點會看到的地方。「避開碳水化合物」可能貼在冰箱的門上。你覺得哪裡是提醒你晚上 10 點前上床睡覺最好的地方呢？

VIII. 開始執行

開始執行個人敏捷性，意味著要經過六個問題並在卡片上（不管用真實便利貼還是用電子方式）寫下你的答案，這樣你就可以在「優先事項地圖」上看到你的答案。

建立你的優先事項地圖

當你準備好建立「優先事項地圖」時，你要做的第一件事是決定要把它放在哪裡。如果你想做實體的「優先事項地圖」，請在你的廚房、辦公室或其他顯眼的地方尋找一個牆面——一個你會經常看到的地方。理想的情況是屬於你自己的空間。

你可能心裡在想著，「我不確定想把它寫在一個板子放在牆上，因為其他人會看到。」你可以自己決定什麼樣的做法較安心。可以放在你的電腦裡，或是印出一張小份的「優先事項地圖」[8]放在文件夾或隨身攜帶，並且隨時更新。最重要的是，你希望易於拿取和更新，所以請把它放在你經常看的地方。

例如，Peter 和 Maria 都使用一個線上程式[9]。這對他們來說很有效，因為他們都花了很多時間在電腦上，尤其是在旅行的時候。如果你沒有必要隨身攜帶你的優先事項地圖，那麼你可以使用一個更為明顯的實體看板。當你看到它，它應該立即提醒你，「沒錯！這對我很重要。」不經意看到它的時候就像是一種友善的提醒。

真正重要的是什麼？

想想為什麼你要這麼做。你想要達成的目標、你想成為什麼樣的人、你想要維持的狀態是什麼？當你找到你的「為什麼」，將它寫在卡片上。這反映了你對應用個人敏捷性更深層的動機。

如果用「牙買加」這個答案來代表「為什麼」，那麼「真正重要的事」裡頭的其他卡片則對應於「導航星星」。確定前三到四個優先事項，並將它們加入「真正重要的事」一欄。

---

[8]　原註：www.PersonalAgilityInstitute.org/freetools 提供了範本。

[9]　原註：有多種不同的工具。Trello、Miro、Mural、Excel、Google Sheets 以及實體板上的便利貼都是常見的選擇。The Personal Agility Institute 提供了多種範本，參見 www.personalagilityinstitute.org/dashboard/（需要註冊）。

我們建議將這個「真正重要的事」列表限制在三到四項。如果每件事都重要，那麼就沒有任何事是重要的。如果你超過了四個項目，很難一次在多個方向上有進展。在工作上使用敏捷方法時，有些人會專注於減少正在進行中的工作量；因此我們也建議限制正在進行的計畫數量，才能獲得有意義的成果。

你的第一次慶祝與選擇

將你最近完成的事情直接放入該週的「完成」欄中。如果需要協助記憶，可以使用日曆、舊的待辦事項清單、電子郵件和簡訊來找出你已經完成了什麼。將花費最多時間的卡片放在清單的頂部。當你慶祝你所達成的並反思你的進步時，這可能會影響你下一週選擇做什麼。你希望下週繼續做同類型的事情，還是你想做點不同的事？

接下來，請反思你能做什麼來填滿「可能性」欄位。使用第四個問題（什麼是重要的、什麼是緊急的、什麼會讓你快樂）來按照重要性對卡片進行排序。將列表頂部的項目設為最重要和／或最緊急的，也就是你想先做的那些事。

使用問題五（你這週想達成什麼？）來選擇一組可實行的卡片，並將其放在「本週」欄位中。這是為你的航程設置的路線；你正在平衡生活中的各種力量，確保船隻朝著正確的方向前進。

現在開始尋找出現了什麼模式，並找出一些對你來說非常重要的主題。一旦你對「本週」欄位感到滿意，就拿出第一張卡片，將它放入「今天」欄位中，並開始處理它。

你的個人敏捷性第一週

隨著你度過一週，你的卡片會從「本週」移動到「今天」，再進到「完成」欄。

在這一週期間，你會專注於「今天」和「本週」欄位中的項目。哪一張卡片是應該完成的最重要事項呢？是「今天」欄位中的卡片，畢竟這是「本週」欄位最上面的那張卡片。

每天快速查看你的「優先事項地圖」，看看今天的計畫表是什麼。你今天最想完成什麼？將它放在「今天」欄位中。

當你完成該卡片（或任何其他卡片）上的項目時，將其移至「完成」欄，然後將注意力集中在清單中的下一張卡片上。

如果你被別的事情打斷或分心，那很正常。當你完成了打斷你的事情後，為這個打斷的事情製作一張卡片，並將它直接放入「完成」欄中，這樣你便知道發生了什麼事情。然後再返回「今天」欄位的第一張卡片。

明確知道接下來該做什麼、分心後回來該做什麼，會更容易進行選擇並專注於正確的目標上，即使這一天不斷有其他事情來分散你的注意力。

你的下一次慶祝並選擇

你會每週重覆這項「慶祝與選擇」活動。回顧你所達成的事，特別是那些讓你進步或使你快樂的事情。在你回顧了一週的行動之後，給自己擊掌慶祝自己成功達成目標，並把「完成」欄的卡片全部移到該週在「麵包屑足跡」的對應欄位去。「麵包屑足跡」會為每一週設一個欄位，讓你可以回顧已完成的事項。現在，你已經準備好開始選擇下週的任務了。

找一個慶祝活動的夥伴

特別是在一開始，建議你每週跟一個人碰面，作為你的「慶祝夥伴」，他們會問你六個問題，確保你每週真的有進行「慶祝與選擇」。他們可能會問你其他問題，幫助你確保本週的目標正確反映了你的整體意圖。這個人可以是一個「負責任的夥伴」，一個值得信賴的朋友、同事甚至是一個專業教練。

如果你有太多事情要做怎麼辦？

如果你先做最重要和最急迫的事情，你會對已經完成的事情感到滿意，而不是為還沒完成的事情感到壓力；這就是「杯子半滿」的態度。

干擾、分心、拖延以及事情太多，都會讓事情完成變得困難，並且阻礙你成為想要成為的人。在下一章，我們將研究這些挑戰，確認可能原因，並提出應對策略。

最
快
的
路
徑

在本章你將看到，個人敏捷性如何幫助
你識別並應對無法預見的挑戰，使你盡
快且有效地達到你的目標。你會先學習
如何堅守目標不偏離方向前進，以及如
何從突如其來的干擾和分心中恢復專注
力。你也將了解到多工處理以及為什麼
它很危險，為什麼會使你更難以完成工
作。

接下來，我們將討論拖延症──為何我
們總是在這當中掙扎，以及如何克服
它。接著探索如何「保持心流狀態」繼
續朝著目標努力，無論路途中出現何種
障礙或干擾。

最後，你將學到，在面對那些意料之
外、百年難得一見的真正風暴，威脅要
翻覆你的船、打亂你的計畫時，應該怎
麼應對，以及如何在遭遇困境之後變得
更加堅強。

"

「如果你不知道你要去哪裡，每條路都會帶你到達目的地。」
—— Lewis Carroll（《愛麗絲夢遊仙境》作者）

"

▌. 案例研究：精確執行

Larry Pakieser 自 2016 年以來一直在科羅拉多州丹佛市擔任獨立承包商。在此之前，他在商業服務公司工作了四十多年，運營部分是其擅長。他的專業領域涵蓋了從商業服務和消防系統安裝到 IT 服務的所有事項。

> 「我的問題在於如何準時完成事情，不管是個人、專業還是客戶的專案。我之前嘗試用時間管理來解決問題，這就是服務業的性質，當你進到辦公室，第一個客戶的電話就打亂了你一整天的計畫。身為一名提供服務的人，你關注的是別人在意的事情，而不是你自己在意的事情。
>
> 我不喜歡工作沒做完。我有太多專案沒完成，或者沒有按時完成。我希望能有一個簡單而堅固的系統指引我達到九成以上的準時交付率。我希望挑選跟我對「真正重要的事」想法一致的專案客戶，以及跟我價值觀相符的客戶。

自從應用了 PAS，我已經建立了一套比我以前遇到的任何系統都要好的新興管理系統。最大的差別是，我以前是在管理時間，現在則是管理我的工作；我可以決定哪些事現在做、哪些事晚一點做，哪些根本不用做。有了 PAS，我正以前所未有的效率完成工作，而且，我還很享受。

開始使用 PAS 後，我在頭四週的準時交付率達到了 75 ～ 100%；這比我 2020 年第一季度平均僅有的 24% 提升了許多。而且，我可以清清楚楚看出一個有太多不確定性和價值觀大不同的客戶並遠離這樣的客戶。

『真正重要的事』這概念太棒了，簡單又有力。當我問自己這個問題——如果這項活動對於今天、本週或這個月『真正重要的事』沒有任何貢獻，我為什麼要去做？於是我就會立即得到清晰的答案。」

「你可以透過清晰度和一致性來實現長期目標。個人敏捷性做為你人生中的 GPS 導航，幫助你確認目標和優先順序，並在你偏離正軌或遇到強烈阻力時，幫助你認知到這個情況並恢復正常。」
—— Hartmuth G.，瑞士伯恩

干擾和分心就如同側風，它們會將你吹離航道，但你必須想辦法對付。一次做太多事情，也就是多工處理（Multitasking），會耗盡你的精力，使你減慢速度，降低你的產出，甚至可能害你一件工作都完成不了。拖延就像將檔位放在空檔——引擎發出許多噪音，但車子卻沒有在移動。

當你第一次在生活中應用個人敏捷性時，你會學習如何使用**優先事項地圖**。它能確保你清楚知道真正重要的事，哪些重要事情需要完成、哪些事情急需處理、你計畫在一週內做的事情，以及接下來需要專注於哪一項任務。我們還討論了如何每週慶祝你的成就。進入一種節奏或心流，真的可以加速你實現目標。

「對你來說重要的優先事項，這些事情從來不是獨立的。它們不是獨立存在，你的思緒會一直在這些事情之間切換。個人敏捷性幫助我停止思考其他事情，而是著重在我的生活，並專注於手頭的任務！」
——Hartmuth G.，瑞士伯恩

II. 朝著目標的方向前進

你是否曾經想過自己創業，或考慮攀登聖母峰？在某個時刻，你的夢想會變成一個具體的目標；然而，你需要做什麼才能實現那個目標呢？

重要的目標通常需要很長的時間才能達成。我們在 2018 年於明尼蘇達州舉辦的全球敏捷大會（Global Scrum Gathering）上對參與者進行了調查，詢問：「你一直以來想實現的目標是什麼？」答案開始一個個在展示螢幕上冒出來，內容從健康、健身嗜好、職涯成長到創業都有。

當我們問觀眾「你多久前設定這個目標」，七成的人回答他們已經在這個目標上努力了一年或更長時間，其中大部分人已經努力了三年或更久。

接著我們問：「是什麼阻止你實現你的目標？」只有 26% 的人表示他們還在努力實現自己的目標，其餘 74% 的人把別人的需求擺在自己之上，沒有認真考慮自己的目標，或者根本沒有打從心底相信他們能夠實現。

光陰似箭！如果你對自己的長期目標失去了專注力，一年很快地就會一閃即逝，而你也不會有任何成就。

要達成你的目標，你究竟需要做些什麼？ 1）相信你能做到；2）朝著目標努力前進；如果分心了就重複步驟 2。如果還是無效，你可能需要重新評估這個目標對你的重要性。

你可能想改善健康，但是當你回顧這一天，你發現到自己並沒有進行健身。你辯稱「我本來想去健身房的」並合理解釋自己的行為，「但我必須去辦些事情，然後就沒時間了。」你或許想要開始你的夢想，但似乎無法踏出第一步。「我不能沒有工作，所以我把所有時間都花在工作上，而我的商業構想永遠無法實現了。」你說的這些事情可能都是真的，但不代表它們不是藉口。

緊急的事情是保持船隻不沉沒的關鍵，而重要的事情是幫助你達成終極目標的推動力；如果你從來不花時間處理重要的事情，究竟什麼時候才要做？當你把時間都用在對你沒那麼重要的事情上，會發生什麼事呢？

你是你這艘船的船長，由你來決定航向，假如遇到暴風雨，你不能任由船沉沒。緊急的事情往往就是把重要的事情擠出去；你真的得在緊急時刻做那些雜事嗎？你真的想去健身房嗎？如果真的很重要，你會找到辦法的！

記得，要對自己好一點。永遠根據當前的處境盡力而為。

要保持在正軌上，先認知自己何時偏離了正軌以及偏離的原因；你每週的「慶祝與選擇」活動連同回顧「麵包屑足跡」，能夠幫助你理解這一點。如果你在「完成」欄中看到太多事情與最重要的目標無關，或是一週內添加了太多不在計畫中的事情，這些事可能就是你偏離正軌的跡象，因為你沒有去做對目標有助益的事。

另一方面，完成任務意味著需要專注、完成一件事才能開始進行下一個任務。如果事情一直停留在「今天」欄、一直沒進到「完成」欄，可以把它們拆解成更小更清晰的步驟，這樣你便可以在「優先事項地圖」上輕鬆完成並勾選。在一週結束時，這些都是值得慶祝的事，而且會讓你有一種進步的感覺！

III. 處理干擾和分心問題

你上一次準備做某件事，但卻被電話或即時訊息打斷是什麼時候？你的兒子需要你教他寫作業，或是你的主管要你處理緊急情況……等諸如此類的事。打斷是生活的一部分。每次你打開 Facebook 或拿起你的手機，都會有一大堆訊息和通知

對你說,「點擊我!」生活中有這麼多雜事,到底要如何完成一件事?如果你被其他事分心了,如何才能重新專注?

干擾有很多種,有一些是重要的,有一些是迫切的,但大多都只是浪費時間。

如果干擾很重要怎麼辦?如果你突然發現需要轉換任務,如果你認為那很重要且緊急、需要立即處理,那就去做吧。你可以決定什麼事情是重要的,並在情況出現變化時改變主意。你在一週開始時做出的選擇設定了你這週的意圖,當你分心時,可以隨時回到最初設定的目標。只是,計畫永遠跟不上變化;當這種情況發生時,決定最好的行動方針,並根據它來更新你的「優先事項地圖」。

如果你分心而打開了網頁或手機上那些誘人的通知該怎麼辦?這可能是你需要休息的徵兆。人一旦疲累就很難專注,所以暫停一下、深呼吸,放鬆一會兒。當你準備好開始工作,再回到「優先事項地圖」中「今天」的第一項任務上(此外,把你的手機設為飛航模式、安裝廣告攔截程式、關閉通知或降低音量可能也會有幫助)。

如果有人向你提出一項緊急但並不夠重要到必須立刻處理的請求,該如何是好?緊急是否代表重要?那倒未必。它是否會讓你的船沉沒呢?這事情是否重要到需要立刻處理,決定權在你手上。

另一種做法是,直接告訴他們你會把它加入待辦事項清單,並放在你的「優先事項地圖」或甚至「力量地圖」上。你將它排在清單的前面還是後面,則取決於你認為它有多重要或者你希望多快開始處理它。

你甚至可以說「不」。你希望能幫得上忙,但若這件事與真正重要的事不相符,那麼你「不太可能」即刻處理。假如你為了新的事情騰出時間,那就意味著要從重要的事情中抽掉那些時間。不管你有沒有察覺到,你的船正在改變航向。你確定那是你想要的嗎?

了解真正重要的事能讓你解釋為何說不。「是的,我想幫你解決 ABC,但我已承諾進行 XYZ 目標。花時間處理 ABC 會拖慢 XYZ 的進度,到時會變成既無法解決 ABC 也無法按時完成 XYZ。」

你不必來者不拒。不用因為有人要求你做某件事、你就非做不可。假使你有個人目標，將自己和對你來說重要的東西放在第一位是可以的，因為生活品質也同樣重要。

「優先事項地圖」讓你容易辨認你想做的事。無論何時你分心了，都可以回到「優先事項地圖」中「今天」的頭一個專案。當你完成一個項目，將它移到「完成」欄，然後再繼續做清單上的下一個項目。

前進的過程中，記得要對自己好一點。你放在「本週」欄裡的那些項目不代表一個計畫或承諾，它們代表的是你本週所設定的方向。到本週結束時，你會完成一些未預先規劃的事情，但沒有完成一些原本打算做的事，這很正常。

你的下一個「慶祝與選擇」活動是慶祝你的船沒有沉沒，並停下來反思你將前往何方。這會給你一些空間，去觀察自己是否真的在做想做的事情。如果你被吹離了正確航道，請利用你的「優先事項地圖」來辨識這個情況，然後重新設定航向，以朝著你的目標前行。

當你發現自己做了一些出乎預料的事情，也就是沒有列在你的「優先事項地圖」上的事，記得把它記下並放在「本週完成」欄中，因為讓它「明顯被看見」是很重要的，可以認知到以下兩點：（a）你決定某件事是重要的，且（b）你已經完成了。之後你可以反思，下一次再出現這種情況，你是否希望做不同的決定。

進行每週的「慶祝與選擇」活動時，慶祝你所達成的**一切**成果，包括沒有在一週開始時列在「本週」欄位中的那些事。

IV. 多工處理的迷思

> 「大部分的多工處理是一種錯覺。你以為你在進行多個任務，
> 但實際上，你只是浪費時間在跳轉任務上。」
> —— Bosco Tjan 教授

你現在正在進行多少個專案？你認為同時執行多件事是一項寶貴的技能？同時進行多項專案，對你的表現有幫助還是有害？

當你把時間切割分配給多項活動，就稱為多工處理（Multitasking）。多工處理大幅減少了你可以用在每個單一目標的時間；哈佛商業評論（Harvard Business Review）作者 Peter Bergman 報導指出，多工處理導致生產力下降高達 40%[10]。

當太多事情都很重要，實際上就是都不重要。如果你同時處理太多事，那麼很可能一件都無法完成。

多工處理的影響

> 「在現今這個講求快速、以知識為基礎的商業世界中，
> 專案經理一次同時應付多達十個 IT 專案的情況太常見了——
> 內容包含各種類型的複雜度、工期和規模。」
> —— Jason Charvat[11]

多工處理會如何拖累你的進度？如果一個專案本身需要一週時間，但你有兩個專案需要同時進行，那麼在它們之間切換的成本是多少？同時進行兩個專案而不是一個一個進行，起碼降低你的速度 50%；你需要至少兩倍的時間來完成任何一個專案。

多工處理對你的表現有多大影響？這可以從兩個角度來看：一是詢問「你的速度有多快？」、「完成一項任務要多久？」；另一個是看你在特定時間內可以完成多少工作，比如一個月或一年。

---

[10] 原註：Bergman, P. (2010 年 5 月 20 日)。〈如何（以及為什麼）停止多工處理〉（How (and why) to stop multitasking），哈佛商業評論。https://hbr.org/2010/05/how-and-why-to-stop-multitaski。

[11] 原註：Charvat, J.(2003, Feb 20)，〈如何管理多個 IT 專案〉（How to manage multiple IT projects），Tech Republic。

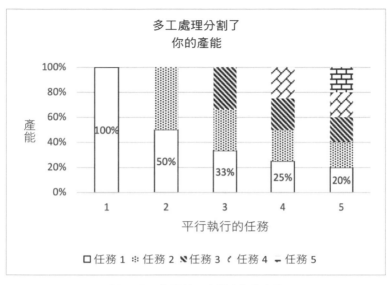

☢ 圖 7 多工處理並不會提高你的產能。

不管你如何看待它,多工處理對你的表現都是有害無益的。多工的程度越高、完成事情的能力就會越加顯著下降;在別人的眼裡看來,可能會認為你行動緩慢且效率低下,即使你十分努力地朝著目標前進。

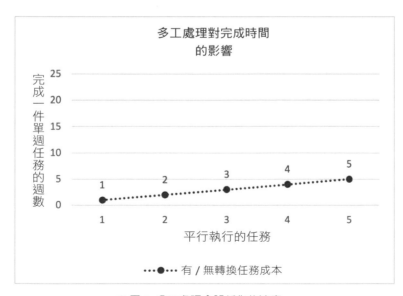

☢ 圖 8 多工處理會降低你的速度。

儘管估計出的效率降低十分顯著，他們卻還是相當樂觀，因為他們沒考慮到任務切換所引起的浪費和成本。換句話說，不管你覺得多工處理對生產力的影響有多糟，實際情況只會更糟。

多工處理的真實代價

「同時做兩件事會讓你的速度變慢，且兩項任務的表現都變差。」
—— Jeff Sutherland

Gerald Weinberg 的研究指出，如果你在兩項任務之間切換，將會損失 20% 的時間在切換成本上[12]；對於你試圖同時完成的每一個額外任務，將再損失 20% 時間；等到你同時進行五個專案的時候，你大約損失了 75% 的總產能。

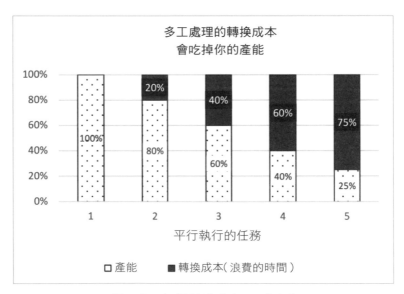

○ 圖 9 多工處理降低你的實際工作產能。

---

[12] 原註：Gerald Weinberg、Weinberg、Gerald M 著。*Quality Software Management*（紐約：Dorset House，1991）。

因此，你不只讓每個專案的時間盒從 100% 減少到 20%，同時也浪費了四分之三的時間在轉換成本上。換句話說，你只有 5% 的時間可以用於實際執行每個任務，結果是你可能需要五到六個月的時間去完成本來可以在一週內完成的工作！

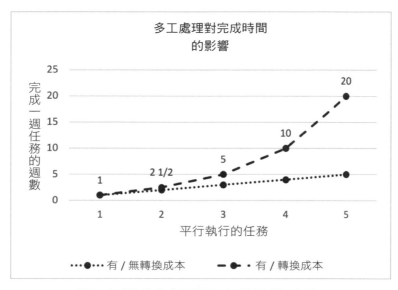

● 圖 10 切換任務的成本使多工處理的影響更為嚴重。

每減少一個正在進行多工處理的任務，你完成事情的速度就會翻倍。

> 「我們有 30 項改善公司的提案計畫以及 30 個人手來進行。
> 但兩年之內，他們一項也沒有完成。」
> ── Walter Stulzer，瑞士蘇黎世

許多文章都有解釋為什麼切換成本如此地高昂。這些文章通常著重於討論大腦的運作，如何會因為從一項任務轉換到另一項任務而花費大量時間。當你改變任務，需要多久才能重新投入工作、進入狀況？奇怪的是，有些任務切換非常耗資源，而另一些任務卻相對容易執行。單就切換情境而言，並不能解釋為何成本會隨著需要平行處理的任務數量增加而劇增。

根據我們的經驗和使用者報告，我們相信還有另一種解釋。多工處理引入一個新的活動——決定下一步要做什麼。若你必須從更多任務當中進行選擇，下決定自然變得更加困難，而堅持這項決定也會更困難；我們稱此為「分析癱瘓」（Analysis Paralysis）。

參與這個決策過程的人越多，做出這些決定所需的努力就越大。要與多名利害關係人進行協商和重新協商優先事項的過程，既耗時又昂貴，還要經常修改。這可以很容易解釋為何一個人同時處理五個專案時，會損失 75% 的產能。

多工處理面臨的挑戰

Futureworks 的執行董事 Walter Stulzer，說明了多工處理如何挑戰領導層試圖改善公司的努力：

> 「大約三年前開始，我們打算改造公司。我們有許多改善公司的想法，也開始實施這些舉措，且欲全部同時進行。問題是，我們提出的計畫跟人數一樣多，所以實在難以有所進展。而進展遲慢又因為缺乏清晰度和重點而變得更加嚴重；我們雖然有行動，但卻不清楚真正要完成的是什麼，所以我們常改變主意，而每次改變都意味著完成該措施的計畫再度延宕。
>
> 在沒有進展的兩年後，我們重啟了這項提議，把它當作一個專案，一次只專注於幾個小而明確的目標上。每三週左右，我和管理團隊會聚在一起，重新檢視我們在上一輪中所完成的事情，並決定下一輪想要完成哪些事，而每一個目標都必須是在三週內可以完成的。我們對每一個衡量指標期望達成的目標有了清晰的認知，絕不執行超出時間範圍可以達成的任務。我們就像這樣持續下去，每三週，回顧我們已完成的，並重新評估在下一輪中需要達成的目標。
>
> 六個月後，我們已經完成了所有必要的工作、達成我們的初始目標，我幾乎認不出這是一年前的公司！其中有一半的初始構想後來證明並不需要，所以我們沒有去做。透過專注於短期內可實現的少數目標，並致力於在該期限內完成它們，結果只用了四分之一的時間和一半的工作量就達成了所有目標，而且結果已經反映在我們的財務報表上！」

V. 透過節奏達成專注

Walter 的團隊利用固定的節奏、頻率來控制多工處理的情況。他們每隔三週進行一次團隊會議，檢視先前的完成事項並設定接下來三週的目標。他們只設定能夠在三週內達成的目標，強迫自己仔細端詳想要達成什麼目標，並優先安排這些目標的行動。

節奏給予你機會做出精細的決定，決定哪些事會帶來價值。先關注最重要的事，把不重要的事情延後；只接受你預期可以完成的工作量。

如果你手頭上的事情太多，這也是多工處理的一種形式，因為你想去做的每一項任務都在爭取你的注意力。當你不斷地從一個任務跳到下一個任務，專注力越來越分散，完成速度就會越來越慢。擁有的選擇越多，就越難決定什麼是真正重要的，而且也更難對做出的決定堅持下去，多工處理是要付出代價的。

如果多工處理對表現不利，那為什麼它會成為一種生活方式？看著那些人們在工作中被期望同時完成的專案數量，他們就像是沒有選擇似的，對所有的要求只能接受說「好」。

一般來說，當我們與人們討論多工處理的話題時，這個討論很快就會把人們推出他們的舒適區。現代科技賦予我們比以往任何時期都要強大的多工能力，這已經成了眾人的期待，專注力被視為已經過時了，而多工則成為一種常規工作形態。

如果你期望改變，那麼它就會很簡單；如果你不想改變，改變就會很困難。就像減肥一樣，第一步是相信你可以做到，第二步是決定你想要去做，然後採取行動。

如果沒有節奏，可能很難拒絕。如果沒辦法視覺化你手上的工作，將難以認知到你的工作過量並表達出來。正如我們在第二部分將會發現的，如果沒有一致性，將會很難決定要專注在什麼事情上。

不過我們必須承認，完全摒棄多工處理是不可能的，甚至連我們自己都不清楚是否真的想這樣做。多工處理就像花園裡的雜草，如果雜草太多，就種不出番茄來，所以你需要不時拔除雜草。但不管你做了多少次除草工作，雜草總是會長回

來，而你下週必須再次除草。問題不在於如何永久剷除多工處理，而在於如何防止它佔據我們的生活、讓我們無法完成任何工作。

如果你能夠稍微減少一點多工處理，會發生什麼事呢？將同時處理的項目從五項減少到四項；根據經驗（和數學）顯示，這樣做可能會使達成目標所需的時間減半！

如何減少多工處理的影響？

許多從業人員都經歷過輕鬆完成「本週」任務的時期。他們是怎麼做到的呢？他們接手第一項任務，完成它，然後再進行下一個任務，完成它，然後繼續進行下一個任務。關於下一步該做什麼的決定很簡單，因為他們在上次的「慶祝與選擇」活動中已經做出了這個決定。

將你可能進行的事情數量限制在一定範圍內，這樣會更容易選擇下一步要做什麼。把「真正重要的事」項目限制為三或四件，同時限制放入「可能性」欄位中的項目，就能達成這個目標了。

最後，專注於單一事項的完成，因為你同時並行的事項越多，你所執行的多工處理就越多。在開始處理另一張卡片之前，先問自己你能做什麼來完成第一張卡片。

關於減少多工處理影響的最佳建議如下：

- ▶ 引入工作節奏，自然地定出進行中的工作量上限。
- ▶ 設法在開始新的任務前完成手上任務。
- ▶ 工作若被打斷，使用你的「優先事項地圖」讓自己更容易記住要返回的工作。
- ▶ 當你完成某件事情，透過「優先事項地圖」來輕鬆識別出接下來想要處理的事情。
- ▶ 限制「可能性」欄位中的任務數量（使用「力量地圖」進行長期規劃）。
- ▶ 在你的日曆上預留時間來處理重要事項。

▶ 在門上掛「請勿打擾」的牌子。

▶ 關閉通知,將手機切換到飛航模式,或者乾脆關機。

▶ 關閉執行手上任務不需要用到的電腦程式,特別是電子郵件、訊息和社群媒體。

▶ 卸載不斷分散你注意力的手機應用程式。

▶ 請人幫忙完成你正在努力進行但無法完成的事情。

「優先事項地圖」的設計是為了幫助你把接下來該做的事情視覺化,以便與你的目標保持一致;其他的建議都是我們覺得有效的方法。

VI. 擊敗拖延症

> 「不到最後一分鐘,
> 什麼都沒辦到。」
> —— Rita Mae Brown（作家）

你是否曾經有過一天的目標,或者想要完成一件重要事情,但總是被其他事情給阻擋?你不斷發現其他需要完成的逾期任務;你無法抵擋社群媒體、新聞網站和回應通知的誘惑;你對於無法去處理那些事感覺很糟糕;別人一直催促你去做,但不知為何,你就是不知道從何開始。

所謂拖延,是你知道自己需要做什麼但卻不去做。例如:你想去健身房,但發現自己在打掃房子、回覆 email、閱讀最近的新聞評論,或者在 YouTube 上看著沒完沒了的推薦影片。你發現自己做了一堆事情,卻都不是你原本打算做的事。或許你在其他事物上有很大產能,但絕對不是重要的事情。

在個人敏捷性中，當卡片沒有移動，就是出現拖延情況。拖延可能卡在「本週」欄，或者「可能性」欄的頂部，甚至是「今日」欄，這是因為其他任務總是優先處理，而導致原本的工作被拖延了。

拖延可能是在向你傳達某種訊息，或許只是你需要休息這麼簡單，不過它通常跟恐懼有關，你擔心如果失敗會怎樣、成功會怎樣，或是，假如做了錯誤選擇甚至所做的一切選擇會怎樣！

當你發現自己在拖延時，第一步是意識到你已經陷入困境。個人敏捷性可以幫助你意識到這一點，因為那張重要的卡片——你正在拖延的那件事，沒有移動。如果你看到這些症狀，問問自己：「我在拖延嗎？我想完成這件事嗎？我為何要拖延這件事？」

下一步是找出你卡住的原因。如果你知道問題所在，就可以針對問題採取行動，因此接下來要做的事情取決於這個原因。

透過提出強大問題自我質詢的教練方法，可以幫助你理解問題，此方法相當有效。讓我們來看看可以問哪些問題：

▶ **你的能量等級如何？** 你可能因為過長的工作時間或是長時間壓迫自己而感到疲憊不已。解決辦法就是：來杯咖啡休息一下。休息、放鬆是沒關係的；人可以暫時忽略身體對休息或睡眠的需求，但長時間不休息或不睡覺，你的身體會需要更長的時間來恢復氣力。

▶ **有什麼大不了？** 有時候，當你靜下心來完成任務，你會發現它並不像你原先想的那麼困難。

▶ **如果你做了，會發生什麼事呢？** 不去做某事的原因往往是因為更深層的恐懼。人們談論對失敗的恐懼；如果你嘗試某事卻失敗了，會發生什麼事呢？ 這或許可以用來解釋一些案例，但有時候，對成功的恐懼同樣會讓人無法動彈。

▶ **如果你成功了會發生什麼事呢？** 如果你努力但失敗了，你很可能會停留在原地，因此情況不會有任何改變；但如果你成功了，你可能會變得有名、獲得升職或加薪、受到更多的關注等等。但是，你的朋友和同事會如何反

應？成功與你的自我形象是否相符？成功可以改變你的地位，但也可能導致你與朋友或同事之間產生衝突。

▶ **如果你不做，會發生什麼？** 或許最好的選擇就是什麼都不做。如果是這樣，那就扔掉那張卡片吧！這是你的人生，所以你有權決定。

▶ **什麼是最佳的結果？** 有時候努力也未必會有好的結果。如果你必須分享壞消息，那麼拖延它會使情況變好還是變得更糟？

▶ **你之前經歷過嗎？** 有什麼感覺很熟悉？你上次是如何擺脫困境的？回顧以往的挑戰和成功模式，它們曾經幫助你擺脫困境，或許也可以對你現在的處境提供很大的啟示。這次你可以改變什麼以擺脫困境？

▶ **那麼，接下來會發生什麼事？** 如果你擔心做某件事的後果，問問自己那些後果是什麼。然後呢？如果你不去做呢？人對於後果的恐懼往往比實際的後果還要糟，因此，放下恐懼就能使你往前邁進。

▶ **誰能幫忙？** 也許具有相關專業知識的人可以幫助你，又或者，阻礙你的人可能會成為你的盟友。

最後，只要將你的進步（或是缺乏進步）視覺化，就能幫助你建立起決心去克服拖延。

來自印度班加羅爾的 Piyali Karmakar 分享了視覺化如何幫助她克服拖延：

「當我加入個人敏捷性課程並參加每週的通話，我意識到恐懼將永遠存在，害怕離開舒適圈，害怕失敗。如果這對我來說很重要，那麼我必須完成它，突破恐懼可以帶你到你想要到達的地方。

當我把『優先事項地圖』和優先任務清單視覺化之後，就可以記住最重要的任務，並思考『此刻對我來說最重要的是什麼？在所有我可以做的事情當中，最重要的是什麼？』；我可以審視已完成的清單，像是回顧過往，看看自己做了什麼計畫、完成了什麼、有哪些事等著我去做。如果有必須現在進行的緊急事項，那就立刻動手進行，或是將它移回總待辦事項清單。將我的工作與我一週可以完成的工作量及時間盒進行比較，並且把『優先事項地圖』清楚放在板子上，這樣我就可以看到它。」

一旦你意識到自己的習慣和模式,並認知到這一點,你就更清楚知道要把時間花在哪裡,並選擇那些讓你更接近最終目標的事。

VII. 保持心流

當你每週(甚至每天)進行「慶祝與選擇」活動時,觀察你完成了什麼。看看你為接下來的一個星期選擇做些什麼,你的選擇是否與「真正重要的事」一致?如果你發現自己分心、一心多用或者拖延,以下就是你可以做的:

- ▶ 認知到你正在偏離正軌。

- ▶ 慶祝你的認知!現在你可以採取行動了。

- ▶ 問問自己,你為什麼會分心?也許你只是累了,需要休息。你的答案將指引你的下一步行動。

- ▶ 當你準備好,看看「今天」欄位來提醒自己:「這是我今天要完成的事情!」

- ▶ 著手處理它。

意識到自己偏離正確的方向,會更容易找回正確的路線。為你能夠認知這個情況給自己一個愛的鼓勵!讓你的船偏離航道的風,也是你可以利用來回到正確航道的風。

有時候,問自己一些問題可能會很有幫助,例如:是什麼讓這件事變得困難?我害怕什麼?今天我能完成的一個小步驟是什麼?「誰可以幫忙?」這個問題可能會驅使你去請求他人協助,或者幫助你用另一個角度來思考問題:「如果換成Maria,她會怎麼做?」

將下一個小步驟放在你的「本週」欄位頂端,並在完成它時好好讚美自己一番!當你被一個突如其來的干擾困住或是有一個意外機會出現時,這個流程也適用。

當你知道真正重要的是什麼時,你的行動會自然而然保持一種節奏,而這就是一種心流狀態,辨識出什麼是一致的事情將成為你的第二天性,而拒絕不一致的事情也會變得更加容易。

VIII. 挺過風暴

生活中總會出現一些不在計畫中的事情，致使我們的原定計畫被打亂。當情況不在你的控制範圍內，你應該如何處理呢？你無法控制要發生的事情，但你可以控制自己對它的反應。

即使在充滿挑戰的艱難時刻，都要好好照顧自己。

首先，重新認識真正重要的事。處理你需要處理的事情以讓船繼續浮在海面上。與周圍的人交流互動，以確保每個人都對真正重要的事達成共識。可以的話，採取「慶祝與選擇」活動的方式去辨識出何時偏離了航道，如此一來才能採取必要的行動回歸正軌。目標清晰會使你成為一位領導者，因此即使在充滿挑戰的艱困情況下，其他人也願意支持並跟隨你。

Nayomi Handunnetti 是斯里蘭卡可倫坡 Handun 別墅與餐廳的執行董事。她是合球知名作家、演講者以及女性企業家思想領袖，但同時她也是一位人妻以及兩個女兒的媽媽。她的家庭、她的健康與身體狀況、她的事業，都是她人生清單上的重要事物。

「COVID-19 疫情使得我們這行業的所有活動都停滯了。人們的購買力受到了嚴重影響，導致出現巨幅的理性調整現象，從購買奢侈品轉為購買生活必需品。沒有國際航班，因此也沒有國際觀光客。由於整個產業都受到波及，我們不得不適應不同的市場動態。

我們需要挺過這場風暴。我們的員工和供應商需要堅持下去，才能夠在危機過去後繼續生存著。

當我接觸到『個人敏捷性認證管理師』（Personal Agility Recognized Practitioner，簡稱 PARP）計畫時，我的生活和時間管理方式起了天翻地覆的變化。我也意識到，我並不孤單。有這麼多事情要做——建立業務，維持健康和良好身體狀況，花時間陪伴家人，擁有社交生活——我真的很難停下腳步、好好喘口氣，並投入所需的努力達到滿意的成果。

我意識到其他人也面對著跟我一樣的挑戰,但沒有人能夠做到盡善盡美。這讓我認知到,不完美也無妨。『優先事項地圖』幫助我規劃每天的任務,我現在可以為事業、家庭時光、健身以及休閒完善規劃好我的一天。

身為一位領導者,這段時間使我與員工更加親近。組織的文化、敏捷思維以及組織的基本價值觀,幫助我們度過了難關。在我看來,我們在 COVID-19 疫情後最大的勝利,是建立了一種能夠包容所有類型客戶的敏捷業務模式。我們對客戶有更深層的了解,並且適應了一種高效率、低成本的運營模式,同時擁有一支優秀的團隊。」

生活中必然會有許多出乎意料的轉折,也會出現讓我們偏離航道的狀況,而我們能掌控的是,當這種情況發生時,認清狀況並盡快回到正軌上。當你能夠辨識出如何應付干擾、分心和拖延時,你就可以主動操控這些風險,不讓它們改變你的航向。當你減少多工處理並保持專注,就可以進入你的心流狀態了。

隨手記

要保持在正軌上，先認知自己何時偏離了
正軌以及偏離的原因。

第二部分
領導他人

20 世紀見證了規模經濟的崛起，高效率的工具和流程是成功的關鍵因素，需求與競爭相對可預期；然而，90 年代卻迎來了網際網路，變化速度激增，致使複雜度和不可預測性開始主導商業挑戰。

敏捷宣言 [13] 於 2001 年創立，強調了人員和互動的重要性。其以清晰易懂的語言探討了賦權個體和有效互動如何成為掌控複雜世界的關鍵。

20 世紀的管理工具和流程依然重要，但成功的結果則是更依賴於人與人之間的有效協作。目標不再只是減少生產成本，而是要更具反應力並降低變動成本。

命令和控制曾經被視為是保持公司凝聚力的最有效作為。而今天，我們有了網際網路、智慧型手機、社群媒體、雲端的

---

[13] 原註：敏捷軟體開發宣言，參見 http://agilemanifesto.org。

應用程式等等；它們使資訊透明度、快速回饋、快速響應和自我組織成為可能。

現今的領導者比以往任何時候有更好的方法來組織領導一個組織，而與此同時，組織及其領導者也需要擁有比以往更快速的反應力，來應對這個複雜變化的世界。

現代管理不再需要傳統的管理方式來掌控一切，大部分人可以主動進行自我管理。新的挑戰是靈活的反應力。如何在不先詢問主管的情況下行動？如何確保他們看到事情的全貌並以公司和客戶的利益為主？

新的挑戰需要新的方法，因此本書第二部分將提供你工具、技巧和理解力，讓你更有效率地領導他人。

在第一部分，我們探討了個人敏捷系統（PAS）的五個元素來領導自己：目的、慶祝、選擇、節奏和對話。你開始使用六個有力的提問，讓自己的行動與更深層的目的一致。

第二部分專注於如何結合這些元素，以提供一種效能更高的替代方案來取代傳統領導。湧現、同理心和一致性使決策和專注成為可能；你可以產生更大的影響，而你的組織可以有更靈活的應變力。

我們會從介紹商業教練開始，這是一種基於對話的簡單方法，可以有效解決問題並激發出公司人才的潛力。

接著將探討取代傳統命令和控制的替代方法，分享一種建立同理心的實用方法，以及如何利用它來達成一致性，然後向你展示如何利用這個方法來加強與客戶的關係。

你也將發現，節奏和一致性如何提高組織的決策力和專注力。最後，我們提出了「行政敏捷性」的願景，以及領導一個反應靈敏的現代化組織所需的技能。

商業教練

Designed by macrovector / Freepik

在這一章中，你將學習到商業教練
（Business Coaching） —— 它是什
麼、它與傳統的領導和個人教練有什麼
不同、為何你會想做這個以及它如何對
你有益。

你將發現強大的教練工具，這些工具有
實用的日常應用。然後，你將學到教練
手法，以及如何將其應用到生活、商業
及其他方面。

接下來，你將回答幾個教練式問題，用
這些問題來準備應用教練工具，作為在
你的生活和工作中獲得更好成果的起
點。最後，你將學會如何具體實踐您想
在世界上看到的變革，以及如何開始協
助周遭的人。

"

「教練是現代管理的形式。」
—— Pierre Neis，瑞士蘇黎世

"

I. 案例研究：我的敏捷轉型

Lyssa Adkins 最為人所知的是基礎書籍《教練敏捷團隊》（Coaching Agile Teams）的作者，該書將 Scrum Master 角色和專業教練結合起來，為「敏捷教練」（Agile Coach）這個職業提供了定義。她是敏捷教練學院（Agile Coaching Institute ，簡稱 ACI）的共同創辦人，該學院專門培養敏捷教練成為組織變革的推手。她領導 ACI 的發展，一直到它被一個更大的機構收購。

> 賣掉公司讓她有了一個全新的開始。「當時我面臨的主要挑戰是如何重新定位自己、我的事業，甚至我的公眾形象，以便吸引我希望吸引到的生意，同時不犧牲長久以來辛苦打造的工作方式與生活步調。
>
> 我希望能釐清如何花費時間，並對自己更好。通常我不認為快樂、玩樂、家庭、社群、獨處時間與充電這些事物是有用或真實的，但我其實很需要。
>
> 我必須不斷提醒自己，放鬆是工作的一部分，恢復活力也是工作的一部分；照顧自己的身心健康和應對未來所需的抗壓力和適應性是工作的一部分。這些，就是我腦海中在想的事情。

那為我的生活帶來了更多的快樂和喜悅，或者幫助我注意到我的人生已經多麼幸福快樂。

在個人敏捷系統的所有工具當中，真正讓我感到印象深刻的是『慶祝與選擇』活動這個名稱實在取得太棒了。

由於我在我的『優先事項地圖』上追蹤所有事情，因而清楚地看到我已經完成了什麼，感覺就像……天啊，我無法相信自己竟然完成了那麼多工作，但我並不覺得有把自己逼得那麼緊。這種新的工作方式不但更有效率，同時也更加輕鬆。

個人敏捷性讓我明白，我慶祝得不夠；我沒注意到已經達到的成就或獲得的成果，沒有讓自己好好喘口氣，甚至連嘗試休息一下也沒有。我必須重新調整自己，把慶祝這個儀式納入生活中。

『慶祝與選擇』的活動幫助我認識到發生的事情。無論是好是壞或是沒有好壞差別，它代表了學習，並且提醒我下次可以做出不同的選擇；這一點真的非常重要。

對你來說，有各種不同的重要事情，而你會以不同的方式來在這片生活海洋中繪製自己的航道，並且遇到不同的障礙。這一切都可以用一種友善的方式顯露出來並加以處理。』

個人敏捷性是一個以教練為基礎的簡單框架，因為它不像其他方法告訴你要做什麼或如何去做。它邀請你提問來幫助你理解自己、了解你的利害關係人和你的現況，這樣你就能夠給出好答案，並且明智運用你的時間。

在現今這個複雜的世界中，沒有人能夠洞悉所有答案，而最困難的問題，則要靠多元背景專家彼此交流互動才能找出答案。現代領導者的本事不在於擁有答案，而是在於提出問題、引導討論與協作，並激發出所有人的智慧；這正是優秀答案的發源地。

教練方法之所以強大，是因為它的核心本質並不是提供答案。相反地，它讓一個人反思什麼是重要的，邀請你退後一步，以更全面的思考方式去找出答案。這些答案存在我們每個人的心中，而個人敏捷性幫助你獲得清晰的思考。

教練式問題旨在探索問題背後更深層的「為什麼」；也就是，幫助你找出真正重要的事。向他人提出教練式問題，例如你的另一半、同事、朋友甚至你的孩子，可以共同理解什麼是真正重要的事情，並與他們建立一致性與信任感。

在這一章，我們將會看到教練與其他領導形式的差異，探索教練的角色和工具，然後展示如何在日常情況下應用這些工具。而在後續章節中，我們將闡述如何在你的組織中使用這些工具建立一致性並強化與客戶之間的關係。

II. 教練何以與其他領導形式不同

領導者的稱謂，會根據不同情境以及他們所被期望的功用而有所不同。儘管這麼說是過於簡化，不過我們倒是可以討論幾種不同的角色：

- ▶ **主管**　解決問題並監督其他人實施解決方案。他們確保人們正在工作並產出滿意的成果。他們有決策權，但具體的職權則取決於不同的環境。更好的說法可能是，主管在組織中具有影響力。主管需要對其直接報告的結果負責，其中一項關鍵職責是確保一切都在掌握中，也就是，防止混亂。

- ▶ **顧問**　是因為專業知識而受聘用。理想情況下，他們帶來解決方案或「最佳實踐」來解決特定問題。

- ▶ **導師**　是曾經走過這條路的、有經驗的前輩。他們不僅擁有理論知識，更有實際經驗。外部導師可以教練、分享經驗並提供建議，但通常沒有決策權。

- ▶ **教練**　的角色與上述這些角色都不同。教練的興趣在於幫助被教練者找到一個好的解決方案，而不是完成一個特定的解決方案。教練不一定擁有答案，但擅長在正確的時機點提出正確的問題。

由於世界商業運營的速度和複雜性日益增加，教練這項技能在商業中也越加重要。傳統領導形式在它們出現的背景環境中或許是最好的，但今時今日，公司需要對不斷變化的市場條件和日益劇烈的競爭做出更快更有效的反應。

一個反應靈敏的公司不能僅依賴中央集權的決策方式，他們根本沒有足夠時間去妥善處理所有訊息和請求，進而成為限制公司反應速度和效能的阻礙。

一個現代高階行政主管的關鍵能力，就是激發公司人才的集體智慧，因為每個人都需要看到整個大局並做出正確行動。與其說是關於控制，不如說是關於賦權；教練方法提供你工具去建立一致性、賦與員工能力並開發他們的潛能。

III. 每日可用的強大教練工具

> 「教練問策可以開啟全新的世界。
> 教練問策有助人們理解事實底下隱含的意義。」
> —— Lyssa Adkins，作者、教練敏捷團隊

教練某人與解決他們的問題是有所不同的。教練並不是告訴某人解決方案，而是幫助他們自己找出問題的答案；關鍵工具就是有影響力的問題。這些問題可以幫助你探索問題，確定期望的成果，並評估可能的解決方案。自己透過思考獲得深刻的理解並找到解決方案，是更有力量的。

經驗豐富的教練不會有最好的解決方案嗎？未必。

就個人而言，沒有人比你更了解你自己的情況和需求，所以你就是最了解自己的專家，可以提出最適合自己的解決方案。教練幫助你理解問題、識別替代方案、思考解決方案，然後針對你真正想要的東西做出最好的行動。

教練的基本工具從提問和聆聽答案開始。所有的問題並不是一次就產生。

封閉式問題通常只需要回答「是」或「否」。銷售人員常使用「你喜歡大一點、小一點還是剛剛好？」的這種問法來引導客人購買。你可以採用封閉式問題來引導對話，以達到你所期望的成果。

開放式問題能讓你探索一個主題。開放式問題通常是 W 開頭的句子，像是：為什麼（why）、誰（who）、什麼（what）或如何（how）。假設你打算購買一輛車，你可能會問汽車銷售員，「什麼選項適合我這樣的人？」

有力的提問則是更進一步。有力的提問通常是開放式問題，在回答之前需要思考一番。當你的問題讓對方在回答前停下來思考，就代表這個問題是有力的。

封閉式問題的目的通常是試圖引導對話，開放式問題是邀請進行討論，而有力的提問則是引發思考。

教練常使用兩種有力的提問：一種是收集事實的問題，另一種是引發洞察力的問題。事實可以幫助你理解情況，而洞察力可以讓你做出好的決定。

有力的提問是建立信任和一致性的有效方法。不去試圖操縱對方接受你選擇的解決方案，效果最好。當你教練某人，不要強加自己的解決方案於他人身上，而是嘗試協助對方自己找出解決方案。

個人敏捷性幫助你採取主動而非被動的態度。當你提問時，請仔細傾聽答案，以了解對方所看重的事物。在下一節中，你將看到一個範例，關於兩造如何透過認知共同目標和彼此的約束來解決一場衝突。

IV. 如何將教練方法應用在日常生活中

想像一下，有一對新婚夫婦從未討論過節日時該去哪一方的家裡拜訪。第一個聖誕節來臨時：

> **Kai**：我們聖誕節要做什麼呢？去拜訪我的家人吧！
>
> **Alex**：你的家人在國外。出國太貴了！去拜訪我的家人好了，交通花費比較便宜，人也多，而且離我工作的地點較近。我寧可這樣，不想飛出國就為了見三四個最親的親人，況且還得中斷我的工作。
>
> **Kai**：可是，我必須在聖誕節見見家人，假期我總是跟家人一起度過。
>
> **Alex**：那麼，或許我們假期不應該在一起。

發生了什麼事？他們倆都沒有開始尋找可以滿足雙方需求的解決方案，也沒有尋找對雙方最好的結果。

Alex正努力找出一個有說服力的理由，來解釋**為什麼**去拜訪他家人比較好，但他卻藉由貶低伴侶見她親人的價值來進行攻擊。對於Kai探訪家人的重要性，Alex用一種被動攻擊式的威脅充當理由，暗示著如果他不能照他的方法，他們會各走各的。

教練方法有辦法改變這個結果嗎？ 教練方法包括提出一些問題以釐清整體狀況，從中達成一致看法。像是：

▶ 對你的家庭來說，什麼是重要的？

▶ 我們有什麼其他選擇？

▶ 你以前如何處理這個問題？

▶ 你想要做什麼？

這些是教練式問題。首要目標是理解彼此以及可能的解決方案。藉由檢視各種可能性與替代方案，開啟了協商和解決問題之路，來滿足雙方的需求。但如果雙方不由分說堅持自己偏好的解決方案，討論就會演變成權力鬥爭，難以改變固有的立場。建立理解才是驅使人們尋求滿意的妥協或雙贏解決方案的根基。

若能夠應用更多教練方法，這場對話可能會出現怎樣的結果呢？或許可以完全避免這場衝突產生：

Alex：假期你想做什麼？

Kai：我們家的傳統是，聖誕節和新年會和家人團聚在一起。

Alex：我必須在年底最後一天之前完成部門銷售報告，要長途旅行實在有點困難，我恐怕沒辦法跟你一起去。

Kai：我不想我們的第一個聖誕節分開過，但我又想見我的家人。

Alex：嗯……怎麼辦才好呢？

Kai：如果我們早一點飛過去，而你提早回來呢？我可能會待到新年，但你可以回來及時趕完你的報告。

用這種方法，這對夫妻探索問題、更清楚理解彼此看重的事情，然後開始探究可能的解決方案。他們在討論中避免假設，也沒有堅定的自我立場，這樣做開創了一個空間讓他們釐清問題並理解情況。雙方都有想要的東西，而對話就是要共同發掘最佳解決方案，而不是妄下結論。當你做出假設並匆促做出錯誤的結論，你很快就會發現自己陷入了不斷惡化的局面中。

如果對話繼續升級會發生什麼事？

　　Alex：你想在假期做什麼事呢？

　　Kai：我們家的傳統是，聖誕節和新年會和家人團聚在一起。

　　Alex：我必須在年底最後一天完成部門銷售報告，要長途旅行實在有點困難，我恐怕沒辦法跟你一起去。

　　Kai：為什麼工作總是比我更重要？

　　Alex：總得有人付帳單是吧！你要怎麼付那趟旅行的錢呢？

　　Kai：（深呼吸）我們先退後一步。我們真正想要的是什麼？

　　Alex：一起度過我們的第一個聖誕節。

　　Kai：那也是我想要的。還有呢？

　　Alex：我想保住我的工作。

　　Kai：沒錯，保住工作是很重要，而我也想見到我家人。我們能怎麼辦？

這次對話眼看著幾乎就要失控了。當 Kai 開始抱怨工作她更重要，而 Alex 強調賺錢的必要性，可能變得情緒化而讓情況開始惡化。先後退一步，緩和緊繃的情況，讓他們可以去探索問題與可能的解決方案。

透過重新探索問題，他們發現了一個共同的目標——希望共度聖誕節——並且發現了牽制住他們的事—— Alex 擔心他的工作，而 Kai 想見她的家人。如今他們有共同的目標，可以尊重綁住對方的事，找出一個滿足彼此需求的解決方案；他們在問題上達成了一致。

現在，他們可以從探討問題轉向尋求可能解決方案了。再一次，透過研究各種可能性，他們考慮不同選擇，一直到最佳解決方案浮現。

你有沒有注意到對話中的模式？他從一個問題開始，然後聽她的回答；在那之後，他才分享他想要做什麼。你會看到這種模式在接下來的章節中重複出現。「在你開口說話之前先聽別人怎麼說，在說自己的答案之前先問問題。」如果你能讓這種模式成為第二天性，你將成為有同理心和創造一致性的大師。

你的每週「慶祝與選擇」活動，是一個跟另一半、同事、主管或朋友同步理解、認識及解決潛在衝突的絕佳機會，而這六個問題可以幫助你釐清你想要做什麼。那麼，可以提出其他的問題嗎？當然可以！這些問題只不過是代表一個對話的開始，不管是跟自己或是跟慶祝的夥伴，你可以利用這個時間查看即將發生的活動，並討論如何處理行程衝突、需要什麼樣的協助、小孩的活動等等。否則拖到最後一刻再處理，恐怕只會雪上加霜，為已經十分敏感的狀況添增更多迫切性和壓力。提早識別問題，通常可以在它們升級成更嚴重的問題就著手處理。

「學會提出清楚的問題，讓我與家人、朋友和同事相處得更加安心和
輕鬆。透過一起慶祝和一起做決定，我和我丈夫發現了可以提早
看出可能的衝突。如果我們兩個人星期四都需要用車，
我們會在星期一就注意到這個情況，這樣才有足夠的時間想辦法解決，
即使我們到星期四才發現，還是可以向對方提出釐清狀況的問題！」
—— Sabine Stevens，瑞士蘇黎世

V. 啟動你的教練式問題

個人敏捷性的核心問題，可以幫助你收集關於生活中的事實並產生深刻的洞察力。隨著你開始使用，第一個問題的角色也會產生變化。

一開始，「真正重要的事」會幫助你深入了解今天的自己。接下來，那個問題的答案（顯示在「真正重要的事」欄位中）代表了你是誰或者你想成為什麼人，提供參考讓你決定應該如何分配時間。如果情況改變了，那麼「真正重要的事」可能也會跟著變，讓你擁有新的洞察力，並根據新的優先順序重新自我調整。

下面列出了一些建議，教你如何開始規劃教練式問題。

六個關於掌握人生或專案的個人敏捷性問題

- ▶ 真正重要的是什麼？
- ▶ 你上週完成了什麼工作？
- ▶ 你這週能做什麼？
- ▶ 在這些事情當中，哪些很重要、必須在本週完成，或者會讓你感到快樂？
- ▶ 在所有這些事情中，你真心希望在這週完成哪件事？
- ▶ 如果遇到困難，誰可以幫助你？

有助於理解問題的提問

- ▶ 你想解決的問題是什麼？
- ▶ 這個問題的困難點是什麼？
- ▶ 你擔心什麼？
- ▶ 你從嘗試過的事情中學到了什麼？

探討可能解決方案的問題

- ▶ 有哪些可能性？
- ▶ 你還能做什麼？
- ▶ 什麼樣的協助較適合？

▶ 你有哪些選擇？

▶ 如果你可以選擇，你會做什麼？

▶ 它與真正重要的事有何關聯？

從經驗中學習的問題

▶ 發生了什麼事（只需陳述事實）？

▶ 什麼部分運作得很好？

▶ 你有什麼不同的做法？

▶ 有什麼事是你想多做一點的？

▶ 你想停止或少做什麼？

▶ 讓你困惑的部分？

▶ 什麼可以給你帶來最大的利益？

▶ 你想從哪一件事開始？

設定目標的問題

▶ 為什麼這件事很重要？

▶ 這是為誰而設的？

▶ 它的目標是什麼？

▶ 最棒的可能結果會是什麼？

▶ 這週你可以完成什麼事情，以朝更大的目標邁出一步？

▶ 有什麼事情你今天可以完成，有助於你朝著更大的目標前進？

▶ 你要如何知道是否做了周全的考慮？

▶ 你如何知道事情完成了？

VI. 成就你渴望看到的改變

Janani Liyanage 是一位企業敏捷教練，她熱衷於幫助人們接受敏捷思維。她之所以成為教練，是因為她希望協助他人成功。Janani 已婚，有一個八歲的兒子，她住在斯里蘭卡可倫坡，當她開始進行 PAS 時，正在準備取得 Scrum 培訓師與企業教練認證，希望將熱情與專業相結合，這樣她就可以每天都感覺到在追求她的生活目標和使命。

「就個人而言，我希望能過著教練的生活，而不僅僅是做教練工作。我想知道哪些機會可以幫助我實現目標。我做的事情太多，很多事情看似在幫助我達到目的，但實際上我並沒有任何進展；我必須有取捨，好讓自己專注在真正重要的事情上。

我希望能將它**當成**我的職業。對我來說，過教練的生活代表了我想過一種敏捷式的生活，我想與更多人分享那些鼓舞人心的美好事物。敏捷的生活對於我而言就是做有意義的事情，而不是老是找藉口說自己太忙。我們生活在充滿不確定性和混亂的時代，我希望能保持冷靜，審視真正重要的事情，這樣我才能做出正確的決定。我希望以開放的心態接受新的想法和新的機會，我更希望擺脫永無止境的忙碌。

起初，我會為自己為什麼沒有改變找一堆藉口；我實在無法接受這個事實。

在舉行『慶祝與選擇』活動時，我做到的第一件事是認知與接受。向自己提問個人敏捷性的六個強大問題，使我能為自己的行為負責；我必須跟生活中各式各樣的人——例如我的家人和我的雇主——進行一些艱難的協商，而這能使這些關鍵對話進行得更順利。

我不再找藉口，勇於面對挑戰，並對那些重要的事情採取行動。現在它幫助我持續往前邁進。下一步，我想要更有責任感。

將 PAS『優先事項地圖』視覺化與標記顏色幫助了我。以前，我需要其他人來稱讚我的努力，但現在，有了『慶祝與選擇』活動，我意識到向自己解

釋事情比向他人解釋更為重要。我可以欣賞自己做過的事情,並學會對沒做的事情負責任。

個人敏捷系統幫助我建立了自我認識並接受自己。現在的我不會再找藉口,面對挑戰,並付諸行動在那些對我很重要的事情上;它幫助我不斷地採取行動,我感到更有責任感。

Janani 基本上利用個人敏捷性的有力提問,透過她所面臨的挑戰來自我教練。你可以透過有力的提問幫助別人清楚了解他們的處境,而不是直接告訴他們解決方案。

個人敏捷性的問題也可作為自我評估參考。那麼,你只需要這些問題嗎?不同的情境可能會需要額外的問題。

VII. 利用商業教練解決問題

商業教練與個人教練之間的巨大差異在於,在商業上,重點並不在你身上,而是在於工作、產品或客戶。「真正重要的事」可能會因為工作上的各種挑戰而有所不同。

處理複雜問題的挑戰在於,在開始之前並不知道答案。這就是你必須搞清楚的,而且有時候甚至連想出適當的問題也相當困難。

雖然確切的問題可能會有所不同,但以下是一個經過驗證的腳本,可用來教練某人應對具有挑戰性的情況:

- ▶ 你希望解決的問題是什麼?
- ▶ 你希望獲得協助嗎(如果答案是「否」就停止)?
- ▶ 什麼使它變得困難?
- ▶ 你已經嘗試做了什麼?
- ▶ 有哪些可能的解決方案?

▶ 你還能做什麼？

▶ 誰能幫你解決這個問題？

PAS「問題解決畫布」以此腳本為基礎引導你去進行。參閱**第 94 頁**的「畫布 1」來對它有個基本的認識，然後從 Personal Agility Institute 網站下載它，連同其他畫布以及問題目錄 [14]。

你可能希望先向自己提出這些問題以便熟悉它們，再試著和朋友、同事或你信任的人提問，然後進一步向你的上司、客戶或利害關係人提問。

✪ 畫布 1 節錄自 PAS「問題解決畫布」

PAS 問題解決畫布
要幫助某人解決問題，請按照編號的順序進行。

1. 教練 / 被教練者	2. 建立安全感	3. 目標是什麼？
» 誰正在接受教練？ » 你如何與他們接觸？ » 誰在進行教練？	» 你在這個關係中的目標或目的是什麼？ » 你有沒有得到許可？ » 被教練者需要什麼才會有安全感？ » 由誰來做決定？	» 你想實現什麼？ » 你的使命是什麼？ » 什麼是好的成果？
4. 問題是什麼？	**5. 探索替代方案**	**6. 下一步是什麼？**
» 是什麼導致它困難重重？ » 你已經做了哪些嘗試？ » 你有什麼顧慮？	» 你考慮過哪些部分？ » 你還能做什麼？ » 列出 20 種達成目標的可能性？	» 什麼能引起共鳴？ » 為什麼這個替代方案比其他的好？ » 你還能做什麼？

---

[14] 原註：Personal Agility Institute 網站連結 http://www.PersonalAgilityInstitute.org/dashboard（需要註冊）。

隨手記

教練方法之所以強大，是因為它的核心本
質並不是提供答案。

與人協調的藝術

Image by Rochak Shukla on Freepik

在這一章中，你要面對最複雜的主題：
其他人。你將了解到為何與他人有效合
作是如此重要，以及你可以採取什麼步
驟來讓自己成為生活上和工作上更好的
夥伴，這對於你的團隊和客戶又將產生
怎樣的影響。

首先，你將學習信任和同理心，並理解
為何在商業交易內外獲得信任是至關重
要的。你將探索「一致性」概念、理解
其重要性、學會如何達到一致性，以及
如何短期和長期維持一致性。

你將回顧並發現信任是所有關係中一致
性的基石，透過審視一個銷售過程中建
立信任和一致性的方法，來進一步探索
信任。最後，你將了解如何從建立人際
關係而達到成功銷售。

> "「當人們不把心中的想法說出來，而且感覺沒有被聆聽，
> 他們不太會真正參與。」
> —— Patrick Lencioni（銷暢作家）"

I. 案例研究：在工作與生活之間尋求平衡

Jörg Ewald 一直都很努力工作。他接手了瑞士琉森郊外一家經營困難的小企業，目標是讓它改頭換面。然而 18 個月過去了，公司還未度過困境，財務狀況也越來越窘迫。這意味著必項縮編裁員，Jörg 自己接手中斷的工作，因而工作量大到他每週工作超過 80 小時，他發現難以理出工作的重要優先順序。

Jörg 覺得單憑他一個人無法讓公司好轉，於是向 Peter 尋求協助。Jörg 同意開始使用個人敏捷性來幫助他專注並實現目標；兩人每兩週聚會一次進行「慶祝與選擇」。

他們第一次進行「慶祝與選擇」活動時，Jörg 看到與營運相關有七個主題重複出現，包括客戶支援、新產品開發、尋找投資者、合作夥伴管理、銷售和行銷，以及其他事情。這個清單看起來沒完沒了，而且每一項都非常重要。

Peter：在你的「優先事項地圖」上，拯救公司擺在哪裡？

喬治：全都是要拯救公司啊。

Peter：這樣吧，何不製作一張「拯救公司」的卡片？

他做了這張卡片，並把它放在「真正重要事項」欄的第一個位置。

兩個星期後，Peter 和 Jörg 再度為另一次「慶祝與選擇」碰面。重點仍然是拯救公司，但不知為何，這樣還不夠好，仍然有太多事情需要做，而各方面的進展都很緩慢。儘管如此，他依然慶祝、做出選擇，並且在離開辦公室後有了一個想法。

在回家的路上，Jörg 突然間開竅了！「對，我要拯救公司，但我真正想要的是過體面的生活。」於是乎他趕回家，與最重要的另一半分享這個領悟。「好吧，那這代表什麼？」另一半這麼問。Jörg 想了一會說，「我們今晚去看電影怎麼樣？」她高興極了。「自從你接管公司，從來沒提過要一起去看電影！」他們去看了一場電影。

他們從此過著幸福快樂的日子嗎？經過重新思考他的優先順序，Jörg 刪除了一些關鍵的假設，對生活做出了重要的改變，而這些作為給了公司第二次的機會。他為公司找到了一個解決方案，並為自己騰出更多時間與家人相處，進而改善了他的生活。

船長並不是單獨操駕他們的船。

當你澈底看清了「真正重要的事」，就可以設定優先順序、做出重要的決策，並有效地將其傳達給周圍的人，他們也會了解對你重要的事情是什麼，並評估對他們有何意義。他們也可以選擇與你以及這些新的優先事項保持一致。

與身邊的人建立共識是一種十分強大的方法，藉以完成有意義的事物。你可以在個人、家庭關係或職場環境中使用這種方法。在工作上，這些人可能是你的同事、上司、客戶或利害關係人；在家庭方面，則包括你的另一半、子女、姻親、其他親戚或朋友。無論如何，當你們的目標一致時，就能突破一切阻礙、朝著同一個方向前進。

我們將使用「利害關係人」一詞來代指你生活與工作周遭的人。

我們將告訴你如何有效地建立一致性，首先從自己開始做起，然後再引導其他人，如此一來，你生活中的重要利害關係人就會是助你成功的順風而不是阻礙你的逆風。這種一致性可以幫助你行事更迅速。

這些原則簡單且可以擴展應用；在接下來的幾個章節，我們會展示如何應用在個人生活、乃至於涉及數十萬人大型組織的各種場景。

▌▌. 什麼是一致性，為何它如此重要？

想像一下，真正感覺受到生命中所有重要的人理解和支持，會是怎樣的情況。

如果有人問你「什麼是真正重要的事」，你會如何回答？是因為你已經思考過，所以答案便如滾瓜爛熟般脫口而出，你清楚知道自己的目標和理由？還是，你被問得措手不及，急忙生出答案，但根本不確定真正的答案究竟是什麼？

我們每個人都會碰到需要面對這個問題的時刻。當你清楚知道什麼是重要的，並讓自己與這些事保持一致，你就了解自己是什麼樣的人，並對即將走的路充滿信心，同時也會更容易判定周圍的人是否與你認為重要的事情保持一致。

在企業中，參與確認重要計畫的人越來越多。建立一致性就是在利害關係人中建立相互理解和支持的感覺，而這個過程其實也就是在真正重要的事情上建立信任和共識的過程。

當兩人在「真正重要的事」方面達成共識，他們會明白什麼是重要的以及攜手並肩走向何方，因而我們可以說他們是一致的。無論他們何時做出決定，都會朝同一個方向努力，因為他們心意相通。

如果兩個人具有不同的價值觀或對事情優先順序的看法不同，他們對於重要事情的理解可能不盡相同，而這些差異有可能會引起衝突。

我們來看一個案例情境：父母、孩子和家庭作業。你認為父母應該幫助孩子做多少家庭作業呢？

爸爸：孩子們透過做作業來學習。如果你幫他們做，他們就無法學到東西。讓孩子們對做作業承擔責任是非常重要的，如果他們不做作業，老師會給他們低分，這可以教會他們未來要做得更好。

媽媽：孩子是從身教裡學習的，所以我努力做他們的榜樣。對他們來說，做功課和取得好成績都很重要，所以我會坐下來陪他們一起做功課，因為如果陪他們一起做，他們更有可能完成。

爸爸：我希望媽媽能停止幫他們做功課，否則他們永遠學不會承擔責任。

媽媽：我希望爸爸也能抽出一點時間來幫孩子們做家庭作業。如果我們不這麼做，他們永遠都學不會。

如果小孩每週有三次家庭作業，爸爸和媽媽會多常發生這種意見分歧呢？如果持續進行相同的討論，那麼他們之間的衝突和挫折感會演變到什麼地步呢？

這些重複又令人挫折的對話，可能並未讓他們察覺到兩人對於孩子做功課和學習的重要性有多麼意見一致。而缺乏認知一致性，可能會引起許多不必要的衝突。

關於功課價值的對話，是可以幫助他們找出共識的。在這個例子，他們都同意孩子的學習很重要；對於最重要的事情達成共識，在小事上就更容易妥協。對「真正重要的事」達成一致認識可以減少衝突重複發生。

當你的想法沒有被聆聽、沒有被認真看待或是沒有得到支持，你有什麼感覺？這會如何改變你的行為？人們可能會變得防禦心很重，開始責怪他人，或是將自己抽離出來。建立共識──也就是建立對於真正重要事情的一致看法──是一個聆聽彼此的過程。

我們稱之為「一致性信任」：我聆聽你，你聆聽我，我們關心彼此的回答。

當缺乏一致性信任，人們會努力讓自己的想法被聽見，其中一個常見的徵兆就是在對話中互相打斷對方。「我知道你要說什麼！現在聽我說。」當人們覺得自己沒被聆聽，他們大聲說話，而且更頻繁地打斷對方的話。

當人們看法一致，他們會朝著同一個方向前進，有共同的優先事項；面臨挑戰時，更有可能做出正確的決定，因為他們都在朝著同一個目標努力。一致並不會排除協調的需求，但它確實促使分散式和委託式的決策更能運作順暢。

將此與一個組織進行比較，該組織是根據「要做什麼」給出指示而非「為何要做」。面臨意外情況時，如果不知道什麼事重要，就無法做出正確的決定。要嘛猜測——這不太可能產生好的結果，而且會導致不同的人做不同的事情；要嘛尋求指示——這既會拖慢決策過程，也會降低決策品質。

想像當你與周圍的人想法一致時，你的生活會變成什麼樣子！對於瑞士伯恩的 Ilja Thieme 來說，這意味著「我和我的伴侶步調更一致——她也在做個人敏捷性訓練。我們互相教練對方，並且在我們的私人生活中、人生中和關係中的重要事情想法一致。這是我私人生活中最大的影響。」

III. 如何成為值得信賴的人

為什麼別人應該信任你？建立信任的基本技巧是履行你的承諾，換句話說，做你說過要做的事情。個人敏捷性為你提供了專注及實現重要承諾的工具；你在第二章已經學到了如何去做。

實現承諾是與其他人建立信任的基礎，無論是在工作上還是在私人生活；而下一個階段是一致性。當你向前邁進，決定要做什麼以及如何去做時，「為什麼」會驅動你的決策。

商業界中很常見到一種誤解，以為一致性就是理解要做什麼；這在可預測的環境中或許奏效，但如果面臨意料之外的事情，你必須做出決定，若是無法理解更深層的原因——也就是沒有一致性——可能會難以做出適當的決定。

建立一致性的工具包括同理心、理解以及對重要事物有共識——以了解為什麼行動。在個人敏捷性中，我們稱這種底層理由為「真正重要的事」。你要怎樣才能清楚知道對別人來說什麼是真正重要的呢？這裡我們引用了生活教練的工具，應

用像是有力的提問等技巧，以便使你能夠與周圍的人建立對「真正重要的事」產生共同理解。

IV. 如何達到並維持一致性？

個人敏捷性可以幫助你在家庭和工作中建立一致性，無論是在個人關係上或是在組織中建立一致性。

許多公司面臨的問題是，階層式決策過於緩慢，因而在等到決策出來時世界早已經變了，這也造成了沒有與主管討論就無法做任何事的現象。

在一段關係當中，如果沒有明確的一致性，你可能會驚訝地發現彼此不認同的事。人們總有不同的假設、不同的價值觀，對事情的理解也不盡相同，因此很容易做出完全不同的決定，而結果便是衝突和誤解。

讓我們來看三個案例：

1. 希望員工與他保持一致的公司領導者

一個部門主管要如何確保該部門人員明白需要達成的目標？從公司的角度來看，保持一致性的目的是為了做出有效決策，當每個人都理解他們為什麼要做正在做的事，他們就可以做出符合組織更大目的的決策。

2. 想要與更高目標保持一致的員工

你如何融入整體？你如何確定你正在做正確的事？你如何肯定你的主管和利害關係人會支持你的行動和決定？如果你能理解並執行真正重要的事，那麼你的利害關係人會相信你能做正確的事，你也不必每一步行動都要獲得許可才能進行。

3. 一對夫妻希望減少衝突，像一支團隊齊心協力

他們如何確保兩人看法一致呢？這可能涉及到希望如何撫養小孩、誰在週四用車子等大小事情。建立一致性的過程始於互相聆聽，以及對另一個人表現出尊重和興趣；養成這樣的習慣會使伴侶關係更親近。

一致性的基礎是共同理解，而建立共同理解的過程能夠建立信任，因此，建立一致性的過程就是建立信任的過程。信任可以帶來一種更深層的關係，願意進行聯繫、表現出脆弱和真實的一面，願意展現人性、並且知道可以向他人尋求幫助。

個人敏捷性有多種方法幫助你跟周圍的人建立一致性：

▶ **每週慶祝與選擇**——觀察「優先事項地圖」，一起進行每週的規劃、一起查看行事曆可以幫助你辨識需要對方提供什麼，或者標示出任何可能的衝突。

▶ **每日慶祝與選擇**——當你回顧「優先事項地圖」時，你可以邀請另一個對你行程或計畫有興趣的可信賴對象共同參與。在家裡，可能是你的丈夫或妻子；在工作上，可能是你的事業夥伴、主管或同事。你昨天做了什麼？今天的計畫是什麼？如果你覺得卡住了，這是尋求幫助的機會。建議：在戶外的新鮮空氣中一邊散步一邊尋求協助會有很好的效果喔！

▶ **利害關係人畫布**[15]——經過組織的訪談可以幫助你理解別人真正關心的事情並且讓他們明白你值得信任。以一種有組織的方式一題一題地問，聆聽你所關心的人心中的想法。每問一個問題之後，再把他們的回答覆誦一次給他們聽，然後問，「我這樣解讀正確嗎？還有沒有其他的？」人都喜歡這種重述法，因為感覺有被理解了。

▶ **共同目標**——建立共同目標和共同願景有助於就共同目的達成共識，以朝著獲得有價值的東西努力。

[15] 原註：參見第 129 頁。

在下一章，我們將會討論一些簡單的規則，這些規則可以引導行為並導向更有建設性的對話。

想像你正在和某人一起工作，你非常確信他們理解你、關心你，而且會去做他們說過要做的事，不會忘記你或讓你失望。你打算如何跟這樣的人一起共事？你想成為這種人嗎？個人敏捷性給你工具去理解他人、追蹤你打算做的事以及讓你做出可靠的承諾。你可以成為那種值得信賴的人。

V. 作為一致性根基的信任與同理心

> 「信任是人生的黏著劑。
> 它是有效溝通最重要的成分，是維持所有關係的基本原則。」
> —— Stephen Covey（管理學大師）

信任、同理心和一致性是建立良好關係的基礎構件。

當你不信任一個人，你更有可能去假設他們動機不良而導致誤解、錯下結論、倉促決定、造成情勢緊張與衝突。

Patrick Lencioni 在他的書《克服團隊領導的 5 大障礙》（The Five Dysfunctions of a Team）中提出了一種觀念，認為缺乏信任是公司中許多功能失調的根源，特別是在領導團隊中。

信任可以有許多不同的含義。「我能夠信任這個人嗎？」是與生活和商業都有關的問題。讓我們來看看理解信任的幾種方式：

▶ **盲目的信任**——單憑信念而不可能進行驗證，一種「相信就好，別擔心，保持快樂」的信念。這是最可怕的信任形式，尤其是對你的上司來說，因為他需要對你的工作負責任。

- ▶ **承諾的信任**──你有沒有做你說過會做的事？這可能是最基本的信任形式。

- ▶ **信賴的信任**──對方會背叛你的信任嗎？你能夠坦承自己的弱點或祕密，而他們會保守祕密嗎？他們對你說的話和對你主管說的話會一樣嗎？

- ▶ **聯盟的信託**──當情況變得艱鉅時，你會對我保持忠誠。

- ▶ **無懼的信任／心理安全**──毫無恐懼的信任。你可以承認自己的弱點，不擔心對方利用這些弱點來對付你。**Google** 將這種信任稱為「心理安全感」。

我們在此名單中加入了**一致性信任**（**Alignment Trust**）：我聽你說話，你聽我說話，我們關心彼此的答案。創造一致性的祕訣就是由衷傾聽彼此的想法。一旦你真正聆聽他們說話，他們也會準備好聽你講話。

建立同理心是建立一致性的必要步驟。同理心被定義為「理解、意識到、對其敏感，以及對他人經歷的事感同身受……」[16]。進行對話，意即提出有力的問題並真心傾聽答案，可以提高理解力並強化同理心。

Lencioni 的信任觀念本質上是心理安全感。由於心理安全感一詞已經廣泛使用，因此我們建議使用它。除了心理安全感，你會常聽到「信任文化」（Trust Culture）一詞來代指相同的概念，反之則是「指責文化」（Blame Culture），意即當事情出錯，大家會互相指責而非共同承擔責任。

在商業上，完成事情的傳統方法稱為「命令與控制」。經理或工程師確定要做什麼，然後告訴工人要做什麼以及如何去做；之後，他們檢查工作是否已經正確完成。所謂的敏捷方法以信任、透明度和快速回饋取代了命令與控制。對話有助於從原本的「需要完成什麼」轉變為「我們試圖達成什麼成果，原因為何？」

基於信任的方法，何以會比基於控制的方法更有效？當事情出錯時，指責文化會先找出有過失的一方：誰應該承擔這項錯誤的後果？這使得人們變得有防備心，

---

[16] 原註：參考連結 https://www.merriam-webster.com/dictionary/empathy。

不願意談論真正的問題。然而，在信任文化中，人們會直接找出問題、辨識問題的原因以及如何解決問題，不會去找出「有過失的一方」。

當兩個人對「真正重要的事」達成共識，或者能夠接受對方「真正重要的事」，那麼他們的決定將會反映出相同的目標和優先順序。

VI. 在一個銷售過程中建立信任與一致性

當你開始與潛在客戶合作，他們可能心裡想著，「我可以信任這個人嗎？」你的首要任務就是與他們建立關係、理解他們，並確保他們知道你正在聆聽他們的想法。

想跟新客戶、利害關係人、上司或未來僱主建立信任感，這裡有一個簡單的二步驟方法。

1. 建立一致性信任，透過提問好的問題並聆聽答案來展現同理心。
2. 迅速辨識你可以為對方做什麼並承諾去做，然後盡快履行你的承諾，以展示承諾的信任感。

識別出這些「最容易達成的目標」，然後兌現你的承諾，清楚傳遞出一個訊息：你理解他們、關心他們，並且會做你說過要做的事。清楚明確展示：你是值得信賴的。

VII. 從建立關係到完成銷售

問題是引導對話的強大工具。如同任何任務，使用適當的工具是至關重要的；溝通不僅僅是關於你說了什麼，更是關於傾聽。當你嘗試與客戶建立關係，不會希望與客戶進行辯論，你真正的目的是理解對方真正的需求。

提出問題，然後仔細聆聽以確保你理解了。

開放式的有力提問,有助於展開對話並將對話延伸下去。「你想要完成什麼事?」、「最重要的目標是什麼?」、「什麼會是驚人的成果?」這些問題有助於客戶釐清他們想要實現什麼。

封閉式問題則可引導對話過程;其中,最重要的兩個封閉式問題是:

▶ 我這樣理解正確嗎?

▶ 還有其他事情嗎?

這兩個問題確認了你的理解,同時給你機會糾正任何誤解並填補任何盲點。它們還傳達出你有真正理解他們、聽到了完整說法的訊息。

理想情況下,每個訪談的段落都會以「我有正確理解你的意思嗎?」結束。對方若答覆「是的」,你就可以繼續進到下個部分。訪談中一系列小的肯定(「是的」)答覆,更有機會在最後導向更大的肯定答覆——也就是銷售。

當你的對話接近決策時機時,一種特殊形式的封閉式問題會增加達成正面結果的可能性。「你想購買嗎?」這個簡單的封閉式問題只有兩種答案:「是」或「否」。最好的情況是 50/50。「有什麼選擇?」A 或 B 或 C。「你比較喜歡哪一個?」現在你的機會大大提升了,因為所有選項都意味著可以繼續前進。

你可以利用這次訪談來了解未來客戶的動機、目標、顧慮、恐懼、挫折和目的。建立這種更深層的理解,也是一種建立信任的過程,將使你能夠提供更好的解決方案。

在下一章,我們會深入探究一致性如何應用於領導力。我們還會介紹 PAS「利害關係人畫布」,這是一個簡單的指南,教你如何和你的主管、客戶、董事會成員以及其他利害關係人建立一致性。

隨手記

建立信任的基本技巧是履行你的承諾，
換句話說，做你説過要做的事情。

領導之路

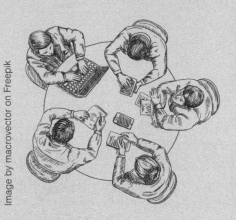

Image by macrovector on Freepik

在本章中,你將踏出第一步,朝著有效
而全面的領導力這條漫漫長路前進。一
個反應靈敏的組織必須既果斷又持久專
注來達成目標。

首先,你會看到建立一致目標所需的條
件,接下來,你會探索如何透過明確的
目標和引導激發人們採取行動,以實現
自主性和一致性。

最後,你將學會如何在團隊之間實現自
主性和一致性,包含如何與你的利害關
係人建立一致性。

"

「最具有賦能／賦權的條件，
莫過於整個組織與其使命達成一致，
而所有人的熱忱與目的都彼此同步。」
—— Bill George（哈佛商學院教授）

"

I. 案例研究：與董事會達成一致性

Michael Mrochen 是瑞士數位健康新創公司 Vivior AG 的聯合創辦人暨董事會主席。「由於我們的產業合作夥伴無法透過他們的管道推廣我們的產品，因而我們的資金即將耗盡。我們必須解決公司的困境，還要有創新的意願和企圖心，如果我們繼續做現在正在做的事，就一定會失敗。」

「我們原本有一個可以進入市場的路線圖並與戰略夥伴合作，然而由於 COVID 疫情爆發，這個路線圖不再適用，因為所有計畫都取消了，而組織沒有能力去應變。我們有三個可能方向，這三個方向都有很大的機會、也都有挑戰，而我們需要專注於其中一個方向。」

問題是，哪一個呢？「我們聘請了一位外部教練，逐一面談每一個利害關係人，然後帶領我們一起進行工作坊（Workshop），其目的是決定下一步該怎麼做。教練使用 PAS『利害關係人畫布』引導對話，並理解每個利害關係人的觀點。」

「這個工作坊強調說故事與聆聽。我們制定了小型工作協議,例如,在開口說話之前先聆聽、表達意見之前先詢問、為理解而仔細聆聽,並提出清楚的問題。在早上制定小型協議,以便在同一天進行對話討論真正的問題,讓衝突減至最低。」

在此期間,他們已經訂立了協議,例如「先聽再說」、「提出清楚的問題而非辯論」、「讓別人說完他們要說的話。」

「我們確定了每個市場區隔的冠軍銷售主,這些人花了一整個下午展示我們可以採取的替代方案。每一位冠軍銷售主都使盡全力詳細說明,我們亦努力理解他們的推理以及每個方案的優缺點。

最終,每個人都進行了投票,並得出了明確的建議,甚至其他冠軍之一也投票支持該勝出方案。第二天,董事會批准了這項建議。

透過外部人士提供的『利害關係人畫布』進行全員訪談的過程,給了我們一個簡潔、全面且誠實的觀點來檢視整個情況。這個過程在董事會成員和一線主管之間建立了透明度和一致性。我們就真正重要的事達成了共識、攜手前進。當需要做些什麼變得清晰可見,我們都能認同該做什麼以及去做的理由,就可以毫無罣礙、毫不猶豫地往前衝。」

II. 達成決斷力並保持專注

致使 Vivior 董事會做出這個決定的,是共識與同理心。

真正傾聽彼此的看法,不是為了得分,而是為了解決問題及各種選擇。所有的決策者都在場,同時避免可能引起爭端的討論。聽過所有事實後,他們做出了所有利害關係人都支持的決定,而由於每個人都在場且都同意,他們就能繼續進行下一步行動了。

記得在第 4 章時,Walter Stulzer 將他的公司轉虧為盈嗎?每三週,領導團隊會聚在一起,審查他們的進度並設定下一回合的目標。節奏提供了定期的機會,以確保所有人仍然與主要目標保持一致,並審視這些目標的進展情況。

節奏使你能夠長時間保持戰略性的專注，並確保短期專注於最有價值的活動。當達成（或放棄）主要目標時，就當作是退後一步、重新評估真正重要事情並設定下一個戰略目標的好時機。

III. 命令與控制的替代方案

> 「如果你想建造一艘船，不要著急叫人去收集木頭、劃分工作並下達命令。相反地，你應該教他們渴望那片廣闊無邊的海洋。」
> —— Antoine de Saint-Exupéry（作家）

「起立！左轉！齊步走！」這些簡單明確的指令，會讓人聯想到「軍事風格」的領導方式，這種方法通常稱為「命令與控制」（Command and Control），對於把部隊從甲地帶到乙地來說十分有效。然而，指令不能過於複雜，而且過程中又需要快速做決策，因此這種領導方式有其侷限性。

如果主管將任務委任給一名下屬，通常需要驗證任務是否正確執行。如果這名員工遇到意料之外的情況，可能需要上級說明情況並給出額外的指示，或者協助進行決定。當他們完成任務時，該主管也需要確認工作是否正確完成。

委任工作就像回力鏢，管理者把工作交待給別人做，自己卻可能產生額外的工作，因為他們必須確認工作是否妥善完成。當所有人都需要主管去進行確認，那他就可能會成為阻礙的瓶頸，成為組織中的單一故障點，因為他們如果無法提供功用，整個組織就無法運作。

委任使得管理時間變成了稀缺的珍貴資源。你在組織中的地位越高，你能提供給那些需直接向你匯報問題的時間就越少，當許多等你決定怎麼處理的計畫被迫等待時，就會阻礙到決策過程，讓組織難以應對新的狀況。

過度命令與控制的形式就是「微觀管理」（Micromanagement）。主管可能打從心底認定員工無法看清大局；反過來，員工可能不會全力以赴，並暗自想著：「反正老闆可能想要不同的東西，何不乾脆等他來告知到底需要什麼？」到頭來，微觀管理會漸漸變成一種自我實現的預測，甚至於成為一種信念體系。我們遇過太多主管，他們很難相信員工能夠承擔責任，沒有察覺到這種過度控制的微觀管理方式打擊了員工，進而使他們不願意承擔責任。

有時候，領導者需要後退一步，暫時走開，讓員工自行操作。

有時候，甚至需要先經過失敗，才能從經驗中學到教訓。

如果微觀管理代表了過度命令與控制，那麼，有什麼替代方法呢？有些方法根本不需要主動控制：

▶ **邀請、示範和慶祝**：Derek Sivers 在他著名的 TED Talk[17] 演說中談論到「如何發起一場運動」，他在該演說中講述了一名男子獨自跳舞卻吸引了數百人加入的影片。如果你希望人們跳舞，那就從你開始跳舞吧！邀請其他人加入，以身作則，慶祝那些加入與你一起跳舞的「第一批追隨者」。

一開始使用 PAS 時可以應用這個方法。只需要將你的「優先事項地圖」掛在辦公室的牆上，向你的朋友、同事和下屬展示你如何安排優先順序以及這對你有何幫助。當他們也開始這麼做，請給予他們鼓勵；你的熱情將會感染他們！

▶ **X-Prize 方法**：提供誘因和獎勵，讓人們回應。X-Prize 是一家非營利組織，他們設計並主辦一些公開比賽，旨在鼓勵利用科技發展來造福人類 [18]。這項高達一千萬美元的 Ansari X 獎項激勵了 Scaled Composites 和其他 25 個專案

---

17 原註：影片連結 https://www.ted.com/talks/derek_sivers_how_to_start_a_movement。

18 原註：參見維基百科 https://zh.wikipedia.org/wiki/X%E5%A5%96%E5%9F%BA%E9%87%91%E6%9C%83。

試圖建造一個可重複使用的太空船，將乘客帶入太空，並在幾天內重覆這個飛行壯舉 [19]。

這種方法已經存在一段時間了。1927 年，Charles Lindberg 駕駛著單引擎飛機 Spirit of St. Louis 從紐約直飛巴黎，贏得了 25,000 美元的 Orteig Prize 獎 [20]。

▶ **贊助與支持**：提供資源給那些目標與組織重要事項保持一致的人，但不要過度干涉或介入。

NASA 運用此方法於他們的「早期創新」（ESI）計畫中。ESI 的目標是「加速開發具有突破性的高風險 / 高回報的太空技術，以支援 NASA 未來的太空科學和探索需求 [21]。」每年，他們公佈一份他們希望探索的技術清單，並資助那些提出有前景計畫的公司。 如果這些技術按照「技術準備程度」進步，則可以獲得額外的資金支援 [22]。

SpaceX 內部採用這種方法，專注於降低將裝載物送入近地軌道的成本。如果一名 SpaceX 工程師想進行能夠降低進入軌道成本的想法，只要 SpaceX 負擔得起，就會獲得資金支持 [23]。

在戰鬥中，掌控仍然是必要的，但需要更有彈性和靈活的指揮方式。

「任務式指揮」（Mission Command）是假設環境是混亂的，也就是所謂的戰場，因此反應能力和抗壓性對於成功至關重要。指令並非僅僅是「佔領那座山丘」，還包括如何將佔領山丘融入更大的戰略之中，這種更深層的原因稱之為「指揮官的意圖」（Commander's Intent）。

---

[19] 原註：參見維基百科 https://zh.wikipedia.org/wiki/%E5%AE%89%E8%96%87%E9%87%8CX%E7%8D%8E#%E7%AB%B6%E8%B3%BD%E8%80%85。

[20] 原註：參見維基百科 https://zh.wikipedia.org/wiki/Orteig_Prize。

[21] 原註：參考連結 https://www.nasa.gov/directorates/spacetech/strg/early-stage-innovations-esi。

[22] 原註：參見維基百科 https://en.wikipedia.org/wiki/Technology_readiness_level。

[23] 原註：Joe Justice 在 SpaceX 和 特斯拉（Tesla）的產品擁有權——產品所有者節開幕主題演講，參見影片連結 https://youtu.be/7h9YFRVetcQ。

該部隊將盡全力奪取山丘，但如果他們認為無法達成該目標，會努力進行下一個最好的行動；或者，如果他們看到有機會獲得更好的成果，也可以去做那件事。必要的話，可以呼喚援助。

為了達到抗壓性，每一位士兵都接受訓練以看到整體局勢，並且在必要時接管他們的單位。軍階確保大家都了解誰是指揮官，當有任何衝突產生時也能快速解決。領導訓練不僅僅適用於軍官，也適用於每個人。

在大自然中如果看到一群鳥，牠們當中的任何一隻鳥都可以領銜飛行，而且所有鳥兒也會待在一起。你的組織中的任何人，是否也能夠在必要的情況下站出來接管指揮？

Scrum 框架是任務式指揮的一種平民實作法，此方法賦與團隊自我組織能力。在使用 Scrum 進行成功的敏捷轉型時，領導層經常面臨到的一個問題是，他們不信任一般員工有能力承擔必要責任或者願意承擔責任。簡言之，這種缺乏信任與一致性阻礙了組織的進步。

IV. 一致性的重要

許多公司都面臨到一致性的問題。真正的一致性並不是單單取決於知道該做什麼，還要了解、認同並關心為什麼這麼做。一致性需要信任，正如我們在第 6 章中所看到的，信任需要同理心。

假使大家對目的——也就是所謂「真正重要的事」——沒有共識，目標可能會隨著特定利害關係人影響力的增減而發生變化。如果優先事項每隔幾週就改變，或是在利害關係人介入之下而改變，那麼路線會變得無法預測。在這種情況下，組織很難實現長期目標，因為目標變化的速度比團隊達標的速度還要快。

實踐個人敏捷系統的人不只知道他們正在做什麼，也明白為什麼要這麼做。個人敏捷性如何應用到個人以外的地方？請試著想像，如果你的組織中每一個人都明白為什麼要做那些他們正在做的事，且所有利害關係人都認同關鍵計畫及其重要性，那會是多麼大的力量！

領導力是「一種社會影響的過程，在此過程中，一個人可以獲得其他人的幫助與支持，以完成共同的任務」[24]，或者更基本的，刺激周遭的人跟隨你的方向前進。

看著努力成功達到目標，我們看到了節奏、清晰的目的以及簡單的參與規則是成功的關鍵。一致性是一個華麗的詞彙，它表示著「每個人都明白我們正在做什麼以及為何這麼做。」在大型組織中，一致性更是不可或缺的最高價值。「如果能夠讓每個人想法一致，並朝著同一個方向而努力……」

「參與規則」讓人們以支持整體目標作為行事的指導方針。

如果人們做一件事時有參與感，他們會付出額外的努力來實現遠大的目標，當他們感覺與更大的目標相一致時，會增加他們的動力。而當他們具有自主性時，就能導致自我實現。很多人認為自主性會導致混亂，那麼，該如何同時實現一致性和自主性呢？答案是：透過明確的目的。

作為領導者，我們的職責往往是去理解利害關係人的需求，甚至幫助他們更理解自己的需求。你要如何幫助利害關係人達成明確目標，甚至找出他們一致認同的共同目的呢？

在這一章，我們將提供你實現目標清晰度的工具。考慮到一個組織會有多個目標，因此我們將分享一些能夠幫助你在不同目標之間取得平衡的工具，以便你的組織達到更高的效率，而不致於負荷過度。當你建立起目標一致性，你就能成為別人願意跟隨的敏捷領導者了。

V. 目的明確

大約五十多年前，人類首度踏上月球。兩位太空人在月球上進行了太空漫步，其中一人在月球上首度發聲。然而，這項努力的規模前所未見，恐怕是歷史上到那

---

[24] 原註：參見維基百科 https://zh.wikipedia.org/wiki/%E9%A0%98%E5%B0%8E%E5%8A%9B，於自 2020 年 2 月 26 日摘錄。

個時間點為止，一個國家為和平目的動員了最大規模資源的創舉。在 NASA、軍方、政府機構和民間承包商之間，有超過 400,000 人參與了阿波羅計畫。

你如何在不到十年的時間，組織那麼多人來實現一個看似不可能的目標呢？

2019 年，Peter Stevens 參加了在瑞士蘇黎世舉辦的 Starmus V 活動，慶祝阿波羅首次登陸月球的 50 週年紀念。在那次活動中，他聆聽了來自美國和蘇俄的太空人、任務控制員以及計畫管理人員的敘述，以了解美國與蘇聯之間的太空競賽是如何取得勝利的。

蘇聯在這場太空競賽中率先開跑而領先三年，但事實證明，許多決定性的優勢掌握在美國人手中。約翰甘迺迪總統（John F. Kennedy）並未承諾美國要登月，而是呼籲美國要致力將一個人送上月球、並將他安全帶回地球。那是一個單一目標的計畫，而不是多個計畫之間彼此競爭，也沒有隨意加載無關聯的目標。領導層百分之百的投入，全國人民也都戮力跟隨。

參與該計畫的每個人都清楚知道兩件事：

1. 「我們將前往月球。」
2. 「任務不會因為我而失敗。」

這兩句話向每個人清楚地傳達了他們在該計畫中的角色。目的明確有助於組織各層級做出良好的決策。

每個人都明白，真正重要的是：完成一項成功的任務。只有一個目標和一個明確的目的。

即使是供應商，也不只是向一個計畫提供商品而已；這些人是不可或缺的合作夥伴，例如，ILC Dover 的女裁縫師是多麼重視她們的工作。「坦白說，她們可能擁有世上最重要的工作」，*The Mission of a Lifetime* 作者 Basil Hero 如是說。正如阿姆斯壯（Neil Armstrong）所言，「那些太空服就像是迷你太空船，只要稍有差池，就可能會喪命。如果那些太空服失敗了，一切都完了，你也完蛋了。」

今時今日的組織往往展現出十分不同的樣貌：組織（包含組織內的個體）中有多個目標，而不是單一任務、單一目標，許多管理者，許多事情同時進行，大家應該做哪些事的優先順序也在不斷變化，很難去關注某件事或承擔責任，因為事情的優先順序有可能明天就改變了，而之前所投注的熱情和精力也就跟著白費。

這種情況導致人們失去了參與感。他們只做必須做的事情來保住工作，但超出本分範圍以外的事情，都是浪費精力。

有多少人知道他們的工作對公司的目標或客戶的滿意度做出了多少貢獻？他們是否清楚了解哪些計畫對公司很重要以及它們何以如此重要，或者，有多少人專注於實現每項計畫的目標？我們在第四章看到，多工處理會降低工作效能，但是公司若有多個目標要達成，如何在避免過度多工處理的情況下達成目標呢？

個人敏捷性提供了一種解決方案。同樣地，關鍵的問題是，真正重要的是什麼？

VI. 導引行為以掌控新事物出現

「領導力是解鎖潛力、讓人們變得更好。」
—— Bill Bradley（前 NBA 球星）

領導一個組織不光只是設定目標而已。專案需要許多人協作，有可能涵蓋幾百人甚至幾千人。你要如何讓大家朝同一個方向前進？如何確保團隊的一致性？

你可以找來一群人，給他們穿上黃色的球衣，然後稱他們為一支足球隊。這樣就能算是一支隊伍嗎？唯有當他們一起練習、一起合作、一起建立一套比賽規則並學會相互信任時，他們才能夠真正成為一支隊伍。有些隊伍比其他隊伍更常贏得勝利，儘管不熟悉比賽規則的觀眾可能只看到穿著球衣的選手，但這些隊伍之所以表現得出色，是因為他們比賽時同心協力的緣故。

當個體之間互動合作、創造出比個別能力更大的成就，便會產生「新現象」，體育隊伍就是其中一個例子。不過，這種「**團隊合作、共同創造出比個人成果更卓越的事物**」現象似乎普遍存在各個領域，是宇宙運作的基本原則。

科學家透過鳥的群體行為研究飛鳥的飛行運動，以實際模擬鳥類行為。結果顯示，聚集在一起飛行的鳥群只有三條簡單的規則：1）與周圍的鳥朝同一個方向飛，2）緊鄰著周圍的鳥飛，以及 3）不要太過靠近周圍的鳥。如果鳥兒們不遵守這些規則，這群鳥就會離散。當每隻鳥都遵守規則時，你就有了一群鳥。

現在，讓我們更深入檢視阿波羅專案。每個人都知道目標是：在十年內將一個人送到月球並讓他安全返回地球。還有一點每個人都知道：「計畫不會因為我而失敗。」一個簡單的句子，使得來自政府、軍方和民間企業的 400,000 人，都能專心做著正確的事。

參與規則會引導個人的行為，進而改變其他團隊與組織的特性和文化。舉例來說，當一群高層領導人聚在一起討論未來願景，房間裡往往有抱持強烈意見且善於辯論的人，這樣很難讓大家達成一個結論。

讓我們回顧 Michael 在 Vivior 的故事。為了有效地提出新想法並進行討論，在工作坊中，他們同意了我們在第 5 章「商業教練」中所提出的簡單規則：在你說話之前先傾聽，在你表達意見之前先問問題；提出明確的問題、耐心聽別人把話說完。因此，與其辯論或追求表現，不如去傾聽、設法理解別人的立場，並提出有建設性的問題來理解當前的情況。到了這一天結束時，所有領導者都更加了解可能的行動方向，選擇變得相對明確，大家投了票，每個人都接受了決定。

「個人敏捷性」透過對話這個方法讓你找到有價值的資訊、做出更好的決定，避免了不必要的衝突。「先提問再表達」與「先傾聽再說話」是個人敏捷性的基本模式，這種溝通定義了你跟周遭人們之間的互動方式，塑造了你的文化，強大而靈活的組織便隨之出現。

你要如何建立這些簡單的參與規則呢？第一步，為所有參與者釐清目標；第二步，辨識可導向正確結論的行為，如第 5 章中的範例：

▶ 提出澄清性問題

- ▶ 傾聽以理解

- ▶ 先詢問再表達

- ▶ 問「這如何協助我們達成目的？」

參與規則可以取代命令與控制的文化。讓我們以開銷報告作為例子：傳統上，某人會審查並批准開銷報告，以確保公司的錢花費得當；通常伴隨著一串規則和政策，明列出允許事項與不允許事項。那麼，你要如何透過引導行為來實現相同的目標呢？ Netflix 用一個簡單明瞭的「無規則」規定來解決此問題：

「將公司的錢視如己出 [25]。」

這個簡單的指南，用意是確保公司的資金得到良好的運用。

他們後來發現，這個規定太過模糊，因為每個人對於如何花自己的錢有非常發散的看法。難道他們回到使用開銷報告的方法嗎？並沒有。他們更新了這道規定：為了 Netflix 的最佳利益行事。增加透明度——例如，將你的開支發布在公司內部部落格上——來達到傳統審核和批准過程的效果。Netflix 稱這個建立更多透明度的過程為「陽光化」，並將此應用在其他地方。

VII. 實現自主性與一致性

「控制導致順從；自主引發參與。」
—— Daniel H. Pink

---

[25] 原註：無規則的規定，參考連結 https://itsyourturnblog.com/no-rules-rules-e23c40ebc0bf PETER B. STEVENS & MARIA MATARELLI。

Daniel Pink 在他的書《動機，單純的力量》（Drive）中寫道，激勵的先決條件是自主、專精和目的。自主是指自己掌控自己的生活和工作；專精是渴望發展你的技能；目的是你所做的事情背後更深層的原因。當人們相信正在為比自己更遠大、更重要的事情而努力時，通常會更有生產力也會更投入。

很少看到一個人或一個組織只專注於一件事情上。音樂家、奧運選手、專業運動隊伍和健身運動員都是透過單一目標達到卓越成就的例子，然而，我們卻很少在組織中看到這種一心一意的奉獻精神。

阿波羅計畫非常明確，可是太空競賽只不過是美國政府的其中一個計畫；反觀現今的公司，通常也不會只有一個目標。在追求多個目標的同時，你該如何達到一致性和自主性？再說，一家公司可以有效地同時追求多少個目標呢？

我們在組織中常見的現況是，人們需同時進行多個專案。比如說，Joe 的主管收到這樣的請求：「我需要一個像 Joe 那種能力的人（他可能是唯一具有這些技能的人）。」「你可以用他，但是我需要他花 30% 的時間和資源支援他目前的專案。」於是事情就這樣進行了。公司內的員工被分散去進行多個專案，以至於人力過度分散，直到一人同時進行五個以上專案的情況根本成了家常便飯。每個人都很忙碌，但是實際的進展卻緩慢至極。

公司往往缺乏適當的工具去認知並理解這種過載的不良影響，而領導階層也無法做出適當的應變。

過度多工處理的典型症狀包括錯過交付日期和犧牲品質的專案，接著引發不得不解決的問題，導致客戶投訴，結果團隊士氣也跟著下降。清楚理解真正重要的事會如何改變這個情況？讓我們用假設的 Sample.com 作為例子來說明。

想像一個公司整體的「優先事項地圖」。Sample.com 的領導層同意那些計畫如果能成功，將會帶來最大的利益，因此把這張清單傳達給公司所有的人。每一項計畫做成一張片卡放在「真正重要的事」欄位，這些卡片經過了審慎思考按照優先順序排列。最上面的卡片比第二張卡片重要，而第二張卡片又比第三張卡片重要，以此類推。

假設 Sample.com 有以下幾個計畫，而這個清單是按照潛在價值（或其他重要性衡量標準）進行排序：

- ▶ 擴展至手機市場
- ▶ 將新產品 X 推向市場
- ▶ 將新產品 Y 推向市場
- ▶ 升級系統和網絡基礎設施
- ▶ 升級現有的產品 S 以捍衛其市場地位

為何手機是最重要的提案計畫？這必須要在主要利害關係人之間達成清楚的共識。

你該如何避免過度分散人力和資源呢？我們來添加一條簡單的規則，以確保公司專注於正確的事情上：優先等級高的計畫絕不會擱置或跟優先等級低的計畫共享人力或資源。每個人都能理解並應用這個規則，以便做出關於如何分配時間、人力和其他資源的正確決定。

以下是可能的運作方式。假設 Sample.com 有十個團隊，命名為團隊 A、團隊 B、團隊 C……到團隊 J。哪些團隊是擴展手機市場不可或缺的？團隊 A、C 和 D。因此手機市場獲得了這三個團隊。那麼，把產品 X 推向市場需要哪些團隊？團隊 B、E 和 F。這裡沒有衝突，因此產品 X 就得到了上面三個團隊。再來，把產品 Y 推向市場需要哪些團隊？團隊 D、G 和 H。

糟糕，手機和產品 Y 的兩項計畫都需要團隊 D。接下來會發生什麼事？一種辦法是，要求團隊 D 分配他們的時間到兩個專案上；或者，領導層可能會就分配團隊進行爭論，就看當時誰佔上風，而優先順序和重點可能每個月甚至每週改變。

正如我們在討論多工處理的章節中看到的，任何一種方法都會拖累這兩項計畫，同時還會增加成本和產品上市所需時間，以及失敗的機率。一致同意首先專注於最優先的計畫，就可以清楚決定把心力投注在手機市場。

產品 Y 會發生什麼情況？公司可能要找到另一個團隊來取代團隊 D ——也許團隊 J 也能完成這項工作——抑或是產品 Y 暫時擱置到所有必要團隊都可用之時再啟動。

這種簡單的方法限制了公司正在進行的計畫數量，確保該公司：一，始終專注於第一優先計畫，並投入必要的精力、人力和資源；以及二，只進行它能有效處理的計畫數量。

「限制進行中的工作」（Limiting Work in Progress，簡稱 WIP）是一種廣泛使用的做法，用來抵制過度多工處理。這是看板方法的核心原則；而這裡概述的方法，是按照事情的重要性和目前可用資源來協調分配，以確保組織不會同時進行過多工作。

有些團隊可能不會永久分配給任何一個特定專案，例如 IT 技術支援。透過理解公司的優先事項，他們可以問自己，如何才能給手機計畫最大的支援？對「真正重要的事」有共識，才能讓公司每個人與組織的目標保持一致。

Spotify 開創了類似的方法，他們將「真正重要的事」一欄稱為「賭注」，專注於這些優先等級高的賭注上，並定期檢視這些優先事項[26]。

這裡的關鍵是對各項計畫設定 WIP 限制，優先等級高的賭注會獲得關注，而其他計畫則需排隊等待。這是一種簡單的優先排序演算法；如果兩個賭注都需要某人或資源，優先等級較高的賭注將會得到它們，而優先等級較低的不能從優先等級較高的計畫中挪用人員或資源。

這些明確的優先順序讓大家可以專注於進行這些最重要計畫，幾乎不會被打斷。

Sample.com 如何達成一致性和自主性？透過傳達「真正重要的事」欄位的計畫，來讓每一個人都知道什麼是重要的，以及為什麼很重要。透過理解原因，公司的每一個成員都可以做出支持公司關鍵目標的決定；這就是一致性。

---

[26] 原註：參考連結 https://blog.crisp.se/2016/06/08/henrikkniberg/spotify-rhythm。

「真正重要的事」一欄列舉了目的或重要事項。透過分享真正重要的事可以建立起目的的共識，人們可以根據這個共識決定該做什麼以及如何去做；在目的這個背景下將責任下放，讓他們自主決定該做的正確事情。這就是達成一致的自主性。

一旦開始進行了，可能會發現大家對真正重要的事沒有充分理解，或是組織各部門各有不同的願景。釐清你的利害關係人真正想要的是什麼、並圍繞這個願景建立共識是很重要的。

VIII. 與利害關係人保持一致

「今天成功領導的關鍵在於影響力，而非權威。」
—— Kenneth Blanchard

記得我們在第 1 章提到來自葡萄牙里斯本的創業家 Hugo Lourenco 嗎？開始使用 PAS、放棄許多沒有生產力的活動七個月後，Hugo 接了一份工作，擔任一家大型顧問公司的外部敏捷教練和專案領導。

> 「我接手了一個專案的領導，該專案要向我的客戶的顧客提供解決方案。
> 這案子還滿有挑戰性的，因為既有客戶、又有客戶的客戶，每個都有自己的利害關係人和潛在的利益衝突；在如此複雜的環境下，要如何與利害關係人合作呢？
>
> 我需要清楚客戶到底在尋找什麼。我有一位客戶想要在他們的客戶專案中使用敏捷實踐，但情況非常複雜；我希望建立信任和一致性。我的構想是，理解狀況、利害關係人以及實際問題，這樣我才能夠建立彼此間的信任，而利害關係人才有辦法理解我們試圖達成的目標。

我跟所有重要的利害關係人進行訪談，包括我的客戶以及客戶的客戶，利用 PAS『利害關係人畫布』來理解當前的情況。

在談話中，『利害關係人畫布』的問題引發了人們強烈感受到快樂。他們告訴我，『我參與過多個專案，但從來沒有人問過我關於成功或失敗的問題。』我獨自與這群人在一起，花時間跟他們談話，一般人通常不會這樣做。他們幾乎講到熱淚盈眶，彷彿從來沒人關心過他們或在乎過他們的貢獻。公司裡沒有人這樣做過。

根據答案的內容，我也能確定誰應該參與這個專案、誰不應該參與。有些人會將一個開放性問題轉變成封閉性問題，很顯然，這些人根本就不懂。

我跟該專案的相關人士進行了接觸，並且給了他們正能量。」

你如何了解你的利害關係人真正關心的事情？

經典的商業定義中，利害關係人指的是對你的專案操作方式有興趣的任何人。在現實世界中，利害關係人就是可以突然介入你的專案、澈底推翻到目前為止準備好的假設、計畫和結果的人。有鑑於此，利害關係人管理對於努力成功與否關係重大。

在我們的經驗當中，當你與利害關係人彼此信任時，管理他們最為容易。當利害關係人知道你在傾聽並試圖理解他們的想法，他們會有信心你能夠代表他們的利益。

如何與利害關係人建立信任呢？跟他們建立更深層的個人關係，確保你們彼此有共識。這可以協助你了解你試圖解決的問題，建立更牢固的關係，最重要的是，理解參與者檯面上的計畫和枱面下隱藏的真實動機。

第一步是聆聽利害關係人的意見。聆聽是為了理解，而非爭論或說服。進行對話不外乎是希望別人理解我們的觀點；好笑的是，讓利害關係人聆聽你的最好方法，就是你先聆聽他們怎麼說。

我們建立了 PAS「利害關係人畫布」來幫助你跟新客戶或利害關係人建立關係。這個畫布提供一種教練方法來與利害關係人共事，它既是一份腳本、用於提問有

用問題，也是一份範本、用來記錄答案。傾聽你的利害關係人，**真心聽**他們說話。當你理解他們真正關心什麼，就能建立起信賴感、使你成為一個值得信賴的夥伴。

你可以查閱 129 頁的摘錄來了解其運作方法。真的要使用它的話，最好從 Personal Agility Institute 網站下載原始檔 [27]。

使用這個畫布來指引你與利害關係人的對話，談論你的協作或是你正在進行的專案；我們建議，將一場訪談的時間設計在 30 到 60 分鐘左右。

第一欄與利害關係人有關，包括他們的主要目標和長期目標，最終確認他們真正關心的事物。第二欄則與他們的動機有關：風險和恐懼適用於展望未來的情緒動機，而挫折適用於回顧過往的情緒動機。挑戰和障礙涉及到需要解決的實際問題或要提供的解決方案，而不是情緒。第三欄專注於期望的成果。

雖然欄位是按照主題組織的，但我們建議按照題目編號順序提問——儘管這樣較適當，但你可以稍微調整順序。

請注意，我們將「真正重要的事」這個問題排到後面才提問；先進行其他問題的思考過程有助於釐清什麼是真正重要的事。

教練式問題可以引導出更好、更完整的清楚答案，例如：「還有其他事情嗎？」或「讓我重複你剛才的話，這樣有沒有正確理解你的意思？」有時候，變換問題順序會讓你的訪談對象產生更大的共鳴。

你的整體目標是，圍繞著幫助利害關係人掌握他們的挑戰、減少他們的恐懼、消除他們的挫折感去進行訪談設計，以達到最佳效果。你的直接目標是展示你理解他們以及他們期望的結果，而你在致力於讓它成真。

你可能會發現，受訪者回答完每一個問題後、你再回答這些問題，是很有用的，可以幫助受訪者了解你，如同你了解他們一樣。

---

[27] 原註：網站連結 http://www.PersonalAgilityInstitute.org/dashboard（需要註冊）。

✪ Canvas 2 節錄自 PAS「利害關係人畫布」

PAS「利害關係人畫布」

為了找出你的利害關係人真正重視的事情,請按照主題順序提問。範例問題僅供參考。

1. 利害關係人	2. 主要目標	8. 真正重要的事?
» 注意,必要時確認訪談者的名字、功用、聯絡資訊	» 在此關係中,你的目標或目的是什麼? » 這些資訊會如何使用?	» 在一天結束的時候,什麼是最重要的? » 我有沒有錯過什麼重要的事? » 還有其他事情嗎?
3. 挑戰	**4. 風險、擔憂、恐懼**	**5. 挫折**
» 事什麼讓這件事變得困難? » 實現這些目標或預期成果有哪些主要的挑戰? » 會碰到什麼技術或功能問題?	» 可能會出什麼問題? » 你在害怕什麼? » 什麼事會讓你肚子痛? » 什麼事使你晚上失眠?	» 哪裡出現了合作方面的問題? » 什麼會導致你想撞牆? » 什麼樣的問題反覆出現?
6.「棒」的定義	**7. 支援**	**9. 接下來怎麼做**
» 想像奇蹟在一夜之間發生…… » 最好的可能是什麼?	» 我可以如何協助你? » 我可以幫你解決什麼問題? » 誰能幫忙? » 還有誰跟你有相同的觀點?	» 接下來可以期待發生的事…… » 接下來可能的做法是什麼? » 什麼會對目前情況有幫助?

你可以使用以下腳本來引導利害關係人進行訪談:

範例腳本

如你所知,我們正在推動「Xyzzy」計畫。除此之外,我希望我們能建立有效的夥伴關係,這樣合作起來可以讓摩擦減到最小。我想專注在為你和你的客戶做重要的事情。為此,我想了解你、你的目標以及你的觀點。

1. **利害關係人**：確認受訪者的姓名和聯絡資訊。

2. **主要目標或長期目標**：「透過這個專案或協作，你希望實現什麼？」

3. **挑戰與阻礙**：「阻擋你達成目標或預期成果的主要挑戰是什麼？」

4. **風險、擔憂、恐懼**：「關於達成目標，你有什麼顧慮？」

5. **挫折**：「什麼問題會不斷發生、讓你感到撞牆的無奈？」

6. **超棒的定義**：「如果我能讓你對這個專案的所有願望都成真，結果會是什麼樣子？」

7. **支援**：「我／我們該如何幫助你實現它？」

8. **真正重要的事？**：「從我剛才所聽到的來判斷，當情況危急時，這三點是最為關鍵的……。我的理解正確嗎？」總結並確認自己對利害關係人主要關切點的理解正確。如果你理解正確，那麼你已經在「真正重要的事」上建立了共識。

9. **接下來呢？** 對於這個利害關係人，你接下來需要做什麼（跟進）？

如何處理成果？

在處理很多利害關係人時，請找出共同模式、相似處以及明顯的差異。利用收集到的資訊來指導你的協作並定義你的專案目標。

利害關係人（或他們所代表的實體）可能會成為你「力量地圖」上的一欄。最上方的卡片將包含：

▶ 利害關係人的照片或小圖標

▶ 他們對「真正重要的事」的觀點

▶ 他們對於超棒的定義

個別的卡片可能是對應特定的目標、功能或任務，以幫助他們達到「超棒」的水準。

與利害關係人訪談的訣竅

透過了解誰是你的利害關係人、他們的目標是什麼、他們面臨哪些挑戰、恐懼和挫折，以及最佳的結果和他們需要什麼幫助，你就可以完全理解整個情況，有建設性地討論應該如何進行。

向他們提問這些問題並傾聽他們的回答。做筆記，把他們說的話重述一次給他們聽。然後再問：「還有其他事情嗎？我有正確理解你的意思嗎？」這能確保雙方都知道你有認真聆聽並理解了整個問題。

何時可以分享你的觀點？當你聆聽了他們的意見，他們也確認你完全正確理解他們的意思，這時你可以提出來：「根據我的經驗，我發現這也可能是一個問題……。」「是喔，真有趣。我們該如何解決這個問題呢？」「 我們來討論這個問題吧……」

有幾件事情要避免：銷售、辯解或爭論。或許接下來會發生這些情況，但它們並不會幫助建立信任。如果你發現對話變成了彼此打斷對方、強迫對方聽自己講話的景況，那麼你應該多聽、少說話！

建立信任並不是要說服別人跟隨特定的方向，或者銷售一個想法給別人（雖然建立信任算是一種銷售技巧）；這是關於為了理解而聆聽。為了理解而聆聽提供深度學習和連接的機會。假如你不聆聽別人講什麼，通常別人也不會聽你講什麼；所以當你停下來聆聽時，才是真正開始建立連接的時候。

在這個時間點，你可以制定你的目的，同時保持自主性與一致性，並且深入了解你的利害關係人，這將會反過來幫助你引導他們找出對他們和組織來說重要的事情。

行政敏捷性：如何成為一位敏捷領導者

Image by Rochak Shukla on Freepik

儘管你已經學習了有效的領導力，但本章將探討有效領導力與敏捷性概念之間的關聯。

首先，你會學到真正成為敏捷領導層意味著什麼，以及這如何幫助你面對日益迅速變化且複雜的市場時有更強的適應能力。

然後你將學習如何把這些敏捷性概念延伸應用到你的團隊和部門，目標是建立一個靈活的敏捷組織；我們也會讓你了解擴展敏捷性到顧客與客戶的各種不同方法，以及從哪裡開始，以便使你盡快獲得成果。

"

「士氣是速度的倍增器。」
—— Joe Justice

"

I. 個案研究：建立賦能文化

Ben Sever 是 eRemede 的執行長，這是一家位於美國佛羅里達州坦帕市的健康科技公司，公司正迅速成長，eRemede 專注於符合《健康保險可攜性與責任法案》（Health Insurance Portability and Accountability Act，簡稱 HIPAA）的企業級服務。

其目標是在新的業務領域迅速確立公司的地位，儘管醫療保健解決方案具有很高的複雜性和合規性（compliance）要求，不過整個團隊已經通過了 Certified ScrumMaster（CSM）® 的國際認證訓練，並且因為這個訓練而獲得更高的工作效率。

> 「我的最大挑戰是，無法放手將大型專案和交付標的委任給他人。身為一名 CEO，我並沒有好好利用我的團隊，反而自己承擔了太多工作，沒有有效地委任工作給我所領導的團隊，導致我無法以可持續的速度工作。」

> 「我們用一半時間達成了期望的估值。」
> ── Ben Sever，eRemede 執行長，美國佛羅里達州坦帕市

我們原本的路線圖是要在三年後達到 3,500 萬美元的價值，結果我們用一半時間就達成了期望的估值。」

Ben 與他的管理團隊在 Maria 的領導下一起學習個人敏捷系統（PAS），並接受訓練和教練。他們充分利用了 PAS 的全系列工具，包括確定「真正重要的事」、PAS「力量地圖」、PAS「優先事項地圖」和「麵包屑足跡」以及「慶祝與選擇」活動。

「PAS 讓整個管理團隊更能夠了解彼此。因為我們在彼此的個人生活中互相賦能協助對方，因此能夠互相激勵、理解、信任彼此；我不再需要獨自承擔所有事物，這對組織的績效表現產生了正面影響。

隨著團隊成長、客戶升級為企業，因而我們意識到，更理解自己人真的很重要。當領導者花時間去反思真正重要的事、理解大家每天工作的動機，就可以把這種個人連結強化、進而轉變為目標一致。

過去，我的管理團隊都知道 Scrum 是什麼，也知道敏捷的概念，但 PAS 讓他們能夠具體實踐、接受並優化生活，產生了自發性的自我組織團隊、達到最好的績效表現。

如今，我們是一個靈活的敏捷組織。敏捷性使我們能夠在當今的複雜世界中獲得成功；而我的角色已經從『Chief Executive Officer』（執行長）進化成『Chief Empowerment Officer』（賦與他人能力或權力的一級主管）了。」

II. 如何成為一位敏捷主管

什麼是敏捷（Agile）？在 2001 年，17 位世界頂尖軟體開發人員制定了「敏捷宣言」，並展開一場運動，這場運動造成了無遠弗屆的影響。

> 「我們正在做這件事並幫助他人做這件事，
> 逐步揭露出更好的軟體開發方法……
> 首要任務是透過及早持續交付有價值的軟體，來滿足客戶的需求。」
> ——敏捷軟體開發宣言[28]

讓我們從軟體以外的情境來看待這個問題。敏捷性是關於「發現更好的方法」；並沒有所謂的「最佳」實踐，只有尋找更好的實踐。這是關於「做這件事並幫助他人做這件事」——也就是協作。最後，「首要任務」是關於目的。敏捷性是關於學習、協作以及清楚理解目的。

高階主管在一個複雜的世界中引領人們和組織，而敏捷主管則藉由實際執行並互相幫助來找出更好的公司經營方法——他們努力優化公司的文化與結構，以便更快創造出價值。

一位敏捷主管的能力如下：

▶ 了解對組織真正重要的是什麼，

▶ 透過對話和協作學習，

▶ 應用節奏於有效的決策制定和保持專注，

▶ 透過逐步引導來塑造組織文化，並且

▶ 知道什麼時候應該放手。

---

[28] 原註：參考連結 https://agilemanifesto.org。

這些簡單的工具能夠讓敏捷主管建立一個反應更靈活的企業。

他們可以最大化自身影響力，達成真正的一致性，並專注組織的架構，同時確保資訊快速流通，快速有效地解決挑戰和問題，以激發出組織所有的戰鬥力。

主管敏捷性讓公司能夠更加快速反應、更具靈活性、更有效率，並且更快創造出更多價值；使他們得以在市場上更成功。

一家敏捷的公司能夠快速有效地學習、願意彼此協作，同時也明白為何要這樣做，而一位敏捷主管也是如此。對於協作、持續學習和持續改進的積極態度，能夠賦予你能力，並使你做事更加有效率。

III. 如何建立一個敏捷組織？

> 「敏捷轉型透過重組公司來優化速度和價值產出。」
> —— Joe Justice

今天，許多公司都希望變得更靈活，以便製造更好的產品，靈活應對市場的變動，比別人更快進入市場，擁有表現更好的團隊，最終增加市場占有率、賺更多的錢。領導者要 IT 人員（以及最近的商業人員）「變得敏捷」。

「使用這個工具啊；應用那個框架啊。」但工具或框架本身都不足以讓一個人具有敏捷性。這些工具或框架通常都是由那些已經具有敏捷思維的人開發出來的，以幫助他們更妥善完成工作。你可以鼓勵人們開始使用敏捷工作方法和思維，然而，光是告訴人們要具有敏捷性根本不會奏效。

我們見過最成功的模式是，領導者採用敏捷性；其感染力和影響既非完全由上而下也不是全由下而上；最恰當的描述是「病毒式擴散」。最高領導者和其他的影響人物「親身實踐」，組織其餘的人就會跟隨。

以身作則，是最大關鍵。

「我們所有的專案都在某個地方進行管理，」Zurich Futureworks 的執行董事 Walter Stulzer 解釋說道，「敏捷專案有任務板，傳統專案則有傳統的工具。但是我自己的工作呢？我無法指派別人做的事情呢？我用個人敏捷性來管理非專案的那些事務。」

Sisag AG 的財務長 Klemens Buob 開始進行他們的敏捷轉型：首先，他在辦公室牆上貼著「優先事項地圖」，在那裡做著自己的工作。每當有人到他辦公室來，無論是員工、供應商還是客戶，他們都會看到牆上的這個新東西並好奇問他這是什麼，他便解釋他是如何管理自己的工作，不但在分享想法，也將他的熱情與能量傳遞出去，默許同時也激發別人去嘗試看看。

當他們開始使用軟體工具來視覺化他們的工作內容，這個做法迅速在公司內部流傳開來。突然之間，敏捷工作方法不再是奇特的，而是成為一種常態，公司也能夠迅速地向前進展。

當 Sisag 開始應用其他的敏捷技巧，如 Scrum，自然而然融入了個人敏捷性使用的方法，因而每個人都很容易理解為什麼這對他們自己或公司有益。Sisag AG 董事會行銷長（Chief Marketing Officer）Erich Megert 解釋：「最重要的是，每隔幾週我們就可以去觀察什麼事情帶來價值、什麼事情沒有，然後去做那些會帶來價值的事情。」

當你全身投入敏捷性，就是為整個組織定調。正如敏捷領導教練 Michael Sahota 所言：「你必須先給自己戴上氧氣面罩，然後才能幫助他人。」透過實踐並幫助他人實踐來找到更好的工作方式，專注於持續學習和改進，並賦予你的團隊權力。

雖然將敏捷性帶入組織的其餘部分超出了本書範疇，不過我們倒是想分享一些小祕訣，增加你成功的機會。

敏捷轉型的目的，是讓公司更有效地進行創新、更快看到實際的成果，不僅僅是在 IT 部門進行一些改變。

敏捷轉型需要重新思考領導層、管理層和營運人員之間的關係。傳統上，領導層提供方向，管理層透過控制來避免混亂，而其他員工則分擔做整個公司的工作。在敏捷組織中，敏捷團隊可以自主管理避免混亂，因此不需要太多上下層管理，而領導層與團隊之間會需要更密切的協作關係。

個人敏捷性已經提供工具、技術和思維模型，為你引導方向、辨識事情的輕重緩重、共同解決問題，以及在你的利害關係人之間建立共識。當你前進時，可以將它們應用在你的組織中以支援轉型的關鍵目標：

▶ **一致性**：透過傾聽和協同解決問題來建立一致性，並藉由「優先事項地圖」和明確的「真正重要的事」描述來傳達一致性。

▶ **靈活反應**：配合「優先事項地圖」的「慶祝與選擇」活動，是一種可擴充的模式，用於識別及優先處理工作。

▶ **文化**：有力的提問幾乎適用於任何情境，以理解挑戰、識別原因與可能解決方案，並決定正確的行動方向。簡單的指導原則如「表達之前先詢問」或「花公司的錢要像花自己的錢一樣」會使人們更容易做對的事情。

在敏捷轉型過程中，最明顯的變化是組織結構的演變。康威定律（Conway's law）假設，一個產品的架構反映了製造該產品的組織結構。可以先建立跨職能團隊來設計你的產品，然後根據這些產品的設計來擴展組織；結果會產生一個速度和效率優化的產品組織。

IV. 如何將敏捷性延伸到你的客戶

讓我們重新回顧 Vivior，其轉型我們在第 6 章已經提及。Andreas Kelch 是歐洲視力護理的業務和行銷部門主管；他們為配鏡師開發了一種新技術和一種新產品，到 2021 年中，已成功獲得 90 個客戶，主要分布在瑞士和德國。然而，將 Vivior 融入配鏡師的業務流程中證明是一個挑戰。

Vivior 採用了相同的技術與他們的客戶建立一致性，就像他們用來在領導層之間建立一致性一樣。PAS「利害關係人畫布」在與客戶建立有建設性關係的過程中扮演了關鍵角色，這種關係基於信任，以目標為導向，並且可以量化衡量。

Andreas 解釋：「商業流程會因為不同的眼鏡商而異。我們希望對客戶有更好的理解，所以開發了一種新的客戶管理流程，希望配鏡師也認知到 Vivior 對於他們業務的附加價值。」

「隨著疫情緩解，我們的客戶在業務上也開始有大幅成長，使得他們忙於處理訂單。他們也面臨勞力短缺和其他限制，所以幾乎沒有時間去應付我們這樣的新技術。

我們看到了增強個人客戶關係的潛力。」

對於新創公司來說，最重要的目標就是受到市場歡迎、業務成長。「在我們的新客戶管理流程中，我們制定了一個具有明確步驟的客戶管理流程，以管理和監控我們自己的成功。」

「一旦客戶同意購買我們的產品，我們就會使用 PAS「利害關係人畫布」來與他們見面進行訪談。我們已根據自己的情境量身定出問題，此畫布會詢問有關目標和挑戰的問題，而對話提供我們分享洞見的機會。他們根據目標定義了「客戶承諾」——他們需要做什麼才能成功。

客戶們對我們提供的這種諮詢服務表示感謝——因為我們並沒有將他們置之不理，並關心他們的成功。訪談獲得了好評，因為他們將此視為解決問題的一種服務。

每個活躍的客戶現在都有一個與具體使用目標相結合的行動計畫。我們可以向所有相關人士明確展示科技對他們的重要性，這種承諾對客戶或對我們都很重要：客戶看到了他們從產品中獲得的價值，以及如何在競爭激烈的市場中做出區隔，而我們則能夠定義我們的擴展目標並達成它。」

了解客戶的技巧與理解利害關係人的方法相同：向他們提出有力的問題，以理解對他們來說什麼才是真正重要的。特別要注意他們的挑戰、擔憂和挫敗感，找出他們對於「超棒」的定義，看看你自己的「超棒」定義如何與他們的定義相符。就「真正重要的事」達成共識，然後用他們的「超棒」定義來確定對雙方都有利的目標。

V. 獲得成果

還記得簡介中的 Walter Stulzer 嗎？他們過去幾年的營運方式並未帶領他們到達目標。引入專注、清晰度和具體節奏後，確實產生了明顯差別。

當你展開你的旅程，從最簡單的地方開始。你可以選擇將個人敏捷性應用於你的生活或工作中，無需徵得任何人的許可。每一步都會引導到下一步，不知不覺中，你的行動將會保持一致，你會系統性地實現你的目標。

在下一章，我們將回顧本書的所有內容，以便你能夠在生活和組織中好好運用。

回
顧
與
接
下
來
的
行
動

Image by Rochak Shukla on Freepik

我們已經分享了許多如何在不同情況下
使用個人敏捷系統（**PAS**）的例子，也
分享了一些開始使用 **PAS** 的策略，而接
下來就交給你決定了。

讓我們回顧一下前面所學到的東西。

在第一部分，我們從個人層面開始討論：如何在生活中和工作中更有效率？

> ▶ 在第 1 章，我們為大家概略介紹了 PAS，讓你能夠看到各個部分如何結合在一起。PAS 幫助你自我管理並引導他人。

> ▶ 在第 2 章，我們提出了可能代表數百萬人的案例研究，這些人可以透過個人敏捷性來改善生活。隨著個人敏捷性普及化，它也可能對我們的生活品質產生巨大影響。

> ▶ 在第 3 章，你學習了如何釐清「真正重要的事」，以便將你的行為與對你「真正重要的事」達成一致。

> ▶ 在第 4 章，你知道應如何處理干擾和分心，才能更有效實現長期目標。你也學到了多工處理對績效表現是有害的，而拖延可能是在試圖給你警告。

在第二部分，我們將焦點從個人轉移到組織。你的組織如何才能更靈活、更有效率、更敏捷？

> ▶ 在第 5 章，你了解到為什麼教練是新的管理方式，以及如何應用有力的提問和互動來解決問題，並激發團隊的智慧。

> ▶ 在第 6 章，你學習了如何建立信任和同理心，與你的利害關係人達成共識。

> ▶ 在第 7 章，你看到在組織中展現決策力和保持專注的新方法。你現在明白為何湧現是領導力中缺失的一環，並探索了一些工具，以確定你與利害關係人、主管、客戶和同事之間的共識並建立一致性。

> ▶ 在第 8 章，你學會了身為領導者應該如何應用這個原則。我們展示了將這些原則應用在你的領導團隊、董事會和其他利害關係人的影響。

那麼，你的下一步計畫是什麼？

最簡單，就是從自己開始做起。一旦你發現了個人敏捷性的力量，你就可以以身作則。

可以從下列這些地方開始做起：

1. 自我管理以達到最大影響力

如果你還沒開始使用「優先事項地圖」，現在正是開始的好時機。在社群中找一個人——可以是認可的大使、培訓師或教練——來幫助你開始進行；這將有助於你識別並解鎖你在生活上和事業上的目標。

做對的事情取決於你設定正確優先順序的能力，按照優先順序工作，並按節奏完成任務。先在自己的生活中練習這些技能，等到適合在工作中應用這些技能時，你將能夠在公司的敏捷轉型中擔任領導角色。

你可以以身作則，因為這些技巧你已經十分熟練。

2. 運用有力提問的潛在能力

現在是時候把有力提問加到你的詞彙中了。使用由 Personal Agility Institute 提供的畫布和問題目錄來探索這些問題。當你激發組織中所有人的智慧和創造力，你就會成為解決組織最棘手挑戰的重要角色，不但有助於你朝著目標邁進，也能讓你和團隊保持一致性。

有力的提問是 21 世紀的管理工具。與其告訴人們該做什麼，不如請他們思考大局和手邊的問題。讓你的員工思考，就等於賦予他們承擔責任的能力；而這麼做，是正在為一個反應迅速的組織奠定基礎。

3. 利用自然湧現現象

在你的組織中開始進行小型實驗和工作協議以進行文化改造。推廣簡單的參與規則以鼓勵人們進行有效交流並做正確的事；提出具有釐清意義的問題；團隊之間會自然而然產生一致性；透過敏捷性改變你的實踐，將進一步推動整個組織的轉型。

4. 利用明確目的

就真正重要的事達成共識，可以確定明確目的，進而讓決策變得更容易。利用「利害關係人畫布」與利害關係人進行訪談來建立一致性，作為專注與果斷行動的基礎；有了一致性，你的計畫便可以在沒有政治阻力的情況下推動了。

5. 繼續對話

加入我們的社群 www.PersonalAgilityInstitute.org/join，你將可以獲得以下範本的使用權限：

- ▶ 個人敏捷性指南
- ▶ PAS「優先事項地圖「和「麵包屑足跡」範本
- ▶ PAS「力量地圖」範本
- ▶ PAS「一致性指南針」範本
- ▶ PAS「利害關係人畫布」
- ▶ PAS「問題解決畫布」
- ▶ PAS「有力提問目錄」
- ▶ PAS「知識庫和案例研究」
- ▶ 可用的額外工具

我們才剛開始探索個人敏捷性的潛力，希望能跟有共同目標與願景的人或組織合作。

請透過 www.PersonalAgilityInstitute.org/contact 與我們聯繫，展開這段旅程，許你自己一個將來。

感謝你的閱讀！

加入我們的社群，分享你的想法和向我們提問！

加入社群！

https://PersonalAgilityInstitute.org/join

（註冊以貢獻）

我們期待繼續與你一起進行這個旅程。

由衷感謝，

Peter 和 Maria

探索來自專家的個人敏捷系統！

對於領導者、管理者、教練、顧問和專案負責人，如果你希望與自己保持更好的一致性，並在工作中產生更大的影響力，那麼這些資訊都能幫到你。

你想要：

> ▶ 在生活和工作之間找到平衡？

> ▶ 發展你的教練技巧？

> ▶ 履行你的承諾？

> ▶ 在工作中提高效率並產生更大的影響力？

> ▶ 了解雇主、客戶和利害關係人對你真正的期望？

我們的全球培訓師和大使網絡可以幫助你做更多真正重要的事，並成為你想成為的人！

學會應用個人敏捷性，
為你的生活和專案提供 GPS 導航！

「透過這個方法，我不僅獲得了有關如何完成
自己著作的見解，甚至對自己有更深入的了解；
個人敏捷性方法為我的人生航道注入了
靈感和根深柢固的信心。」
—— David Barg，前客席指揮，紐約愛樂教育部門

隨手記

隨手記

隨手記

博碩文化

博碩文化